U0344583

# 家具设计

主　编　李　卓

副主编　宋　雯　杨金花

参　编　隋庆峰

FURNITURE DESIGN

北京理工大学出版社

BEIJING INSTITUTE OF TECHNOLOGY PRESS

## 内容提要

本书为"十四五"职业教育国家规划教材，是根据国内外最新专业资讯和国内家具企业对家具人才的需求而编写的一本专业立体化教材。本书紧扣当今家具设计学的热点、难点与重点，采用项目化任务驱动教学法，全书共分为7个项目，分别为家具形态设计、家具设计的方法与程序、系列化儿童家具设计、座类家具设计、桌类家具设计、床类家具设计、收纳类家具设计。每个项目不仅精选了很多与理论紧密相关的图片、案例，同时还提供了教学课件、微课、课堂教学视频等数字资源，增强了内容的生动性、可读性、趣味性，易于读者理解和接受。

本书可作为高等职业院校工业设计、环境艺术设计等专业教材，也可作为相关专业教育工作者，家具企业产品开发、销售、管理人员及业余爱好者的自学用书。

**图书在版编目（CIP）数据**

家具设计 / 李卓主编.—北京：北京理工大学出版社，2023.7重印
ISBN 978-7-5682-6661-1

Ⅰ.①家… Ⅱ.①李… Ⅲ.①家具－设计－高等学校－教材 Ⅳ.①TS664.01

中国版本图书馆CIP数据核字（2019）第014015号

出版发行 / 北京理工大学出版社有限责任公司

社　　址 / 北京市丰台区四合庄路6号院

邮　　编 / 100070

电　　话 / （010）68914775（总编室）
　　　　　　（010）82562903（教材售后服务热线）
　　　　　　（010）68944723（其他图书服务热线）

网　　址 / http://www.bitpress.com.cn

经　　销 / 全国各地新华书店

印　　刷 / 河北鑫彩博图印刷有限公司

开　　本 / 889毫米×1194毫米　1/16

印　　张 / 7.5　　　　　　　　　　　　　　　　　责任编辑 / 刘永兵

字　　数 / 209千字　　　　　　　　　　　　　　　文案编辑 / 刘永兵

版　　次 / 2023年7月第1版第7次印刷　　　　　　　责任校对 / 周瑞红

定　　价 / 49.00元　　　　　　　　　　　　　　　责任印制 / 边心超

# 前言 PREFACE ·········································◎

党的二十大报告指出，要"推动绿色发展，促进人与自然和谐共生"。这就要求我们在家具设计中，要注重人与自然、社会、环境的有机结合，运用可持续发展设计理念，做绿色设计、环保设计。目前，我国已成为世界家具生产基地和制造大国，同时家具行业也是我国的支柱产业之一。但我国家具设计与发达国家相比却存在较大的差距。企业急需大批家具设计方面的优秀人才，而优秀人才的培养急需内容新颖、全面系统的专业理论和实践指导。

本书在编写方面顺应时代发展需要，突破传统编写思路，采用项目化任务驱动教学法，将教程和实训合二为一，力图从当代世界家具设计的高度，系统地介绍家具设计与制造所必需的知识，并详尽收集不同时期家具设计经典图片，将家具的历史性、延展性以及流派和风格特征等准确明晰地表达出来。

为充分体现科技发展成果，更好地发挥教材的教学载体作用，编者对该书进行了修订完善。再版过程中，本着"保持原有框架，加强更新应用"的基本思路，编者结合近几年来家具设计的发展趋势与新材料创新应用，对初版文本进行了修改，补充了新观点、新材料、新工艺，增补了家具设计师国家职业资格考试等内容，同时更新、替换了部分案例解析、图片，在拓展资料中增加了外国现代家具、中国古典家具、当代中国家具设计师作品分析等数字化资源。通过中国古典家具的案例分析，帮助学生了解传统家具精巧的榫卯结构和古人的聪明智慧，从而更好地弘扬中华民族传统文化，提倡敬业、精益、专注和创新的工匠精神。

本书是一部校企合作开发的教材，由辽宁轻工职业学院李卓、杨金花、宋雯编写，同时，大连日新光明家具有限公司隋庆峰提供了大量家具案例与教学视频、辽宁新时空装饰有限公司大连分公司顾松峰提供了教学视频。本书中项目一、项目二、项目三、项目四、项目五由李卓老师编写；项目六由宋雯老师编写；项目七由杨金花老师编写。

本书的出版得到了北京理工大学出版社编辑的精心指导，也得到了辽宁轻工职业学院相关领导的大力支持，杨利言、刘霖、张雷、徐莹莹、徐苓炯、崔佳莹等为本书的编写提供了很多帮助，在此表示深深的谢意。

本书在编写过程中，借鉴和参阅了大量的国内外出版物及网络资料，书中选用的优秀家具设计作品，一部分来自设计者，另一部分来自参考资料。在此，向各位作者表示由衷的感谢。

尽管编者为本书付出了艰苦的努力，但是由于学识与水平有限，书中难免有疏漏之处，欢迎广大读者批评指正！

编　者

# 目录 CONTENTS

# 项目一 | 家具形态设计

**知识要点**

家具造型设计元素；形式美构成设计；家具色彩设计；家具的质感、肌理及材料。

**能力目标**

能根据形式美法则，灵活地进行家具造型设计；能进行家具色彩搭配；能区分家具的材料特性。

**素养目标**

培养创新意识和创新能力；提高形式美的审美能力；培养"以人为本""生态文明""传承文化"的思想意识。

家具是人们在日常生活和工作中使用的器具。家具在概念上有广义和狭义之分。从广义上讲，家具是指人类维持正常生活、从事生产实践和开展社会活动必不可少的一类器具。从狭义上讲，家具是日常生活、工作和社会交往活动中供人们坐、卧或支承与贮存物品的一类器具。同时它又是建筑室内陈设的装饰物，与建筑室内环境融为一体。家具在当代已经被赋予了最宽泛的现代定义，家具的英文为Furniture，法文为Founiture，拉丁文为Mobilis，有"家具""设备""可移动的装置""陈设品"等含义。随着社会的进步和人类的发展，现代家具的设计几乎涵盖了生活的方方面面，从建筑到环境，从室内到室外，从家庭到城市。现代家具的设计与制造是为了满足人们不断变化的需求，创造更加美好、舒适、健康的生活、工作、娱乐和休闲方式。

家具起源于新石器时代，伴随着人类文明的发展，其间历经多次的工艺材料、造型理念、装饰图样等方面的变革，但家具的特性是没有变的。家具的特性包括双重性、文化性和社会性。

双重性：家具不仅具有物质功能，而且具有精神功能，即装饰审美功能。成功的家具设计既实用又可像艺术品一样供人欣赏。家具首先是功能物质产品，满足某一特定的直接用途，又要供人们欣赏，好的家具不仅可以使环境悦目宜人，而且可以在潜移默化中提高人们的文化素养，培养大众的审美情趣。

文化性：家具作为社会物质文化和精神文化的一部分，是人类社会的政治、经济和文化发展的产物，是文化艺术积淀的物化形式，它反映了在特定的历史时期，不同国家、不同民族的文化传统和艺术风格。

社会性：家具是一种信息的载体。家具的类别、数量、功能、形式、风格和制作水平，以及对家具的占有情况，反映了一个国家和地区在某一历史时期的社会生活方式、社会物质文明的水平、社会生产力发展水平等。总之，家具是人类社会的一个缩影，凝聚了丰富而深刻的社会性。

随着社会的进步和发展，人们的行为方式、生活方式都发生了很大的变化。尤其近几年，疫情逐渐改变了人们的工作环境，使人们不得不深入思考，如何以更加灵活的方式实现工作、生活的可持续发展。在疫情时代下，家具应当具有移动便利性、功能适应性、空间集约性，以配合疫情防控的需求。现代家具的材料、结构、使用功能、使用环境的多样化，促成了现代家具的多元化风格。为了能够在实施标准过程中，使家具产品研发、生产和销售的家具企业在家具分类及家具产品名称方面有一个指导，本书从多角度对现代家具进行分类，力求使读者对现代家具有一个系统完整的认识。

按基本功能，可分为支承类家具、凭倚类家具、收纳类家具。

按使用场所，可分为民用家具、公共室内环境家具、室外环境家具。

按材料和加工工艺，可分为木材家具、塑料家具、玻璃家具、石材家具、软体家具、金属家具、纸质家具、竹藤家具。

按结构，可分为框式家具、板式家具、拆装家具、折叠家具、冲压式家具、充气家具。

## 任务一　家具造型设计

任何形象之所以能被人们感知，是因为它们具有不同的形状、色彩和材质，这些元素共同构成了丰富多彩的大千世界。家具的形态也是通过"形""色""质"等元素表现出来的。

### 一、案例解析

红蓝椅子赏析

格里特·托马斯·里特维尔德（Gerrit Thomas Rietveld）是荷兰著名的建筑与工业设计大师，也是荷兰风格派的重要代表人物之一。红蓝椅子是荷兰风格派最著名的代表性作品，它的整体是实木结构的，13 根木条相互垂直，组成了红蓝椅子的空间结构，然后由螺丝紧固，摒弃了传统的榫接方式，以免破坏整体性，创造出了全新的样式（图 1-1）。设计中体现整体与局部的关系，将多种元素进行融合，体现了创新是一个民族进步的灵魂，是一个国家兴旺发达的不竭动力。

红蓝椅子的设计最早受到《风格》杂志的影响，它在 1917—1918 年是没有颜色的，真正有颜色的红蓝椅子在 1923 年才与世人见面。里特维尔德通过使用单纯明亮的色彩来强化椅子结构，使其结构形式完全展露在世人面前，让人感受到椅子天然淳朴的美感。

红蓝椅子代表着一种家具风格的设计与形成，它对整个家具产品和家具行业有着深刻的影响。里特维尔德曾说："结构是服务构件间的协调的，这样才能充分保障各个构件间的独立性与完整性。"红蓝椅子正是采用这种理念，所以才能以自由和清新的形象置于空间之中，形式从抽象中全然显现出来，有着十分合理的艺术联系，是把艺术转化为形象的最好的家具形式。

红蓝椅子作为风格派的代表作，它着色的灵感就来自蒙德里安的作品《红黄蓝的构图》（图 1-2），红蓝椅子成为该作品的立体化演绎，《红黄蓝的构图》也成为永远不会过时的经典样式。

### 二、家具造型设计元素

#### 1. 点元素

从点本身的形状而言，曲线点（如圆点）饱满充实，富于运动感；而直线点（如方点）则表现坚稳、严谨，给人以静止的感觉。从点的排列形式来看，等间隔排列会产生规则、整齐的效果，具有静止的安详感（图 1-3）；变距排列（或有规则的变化）则会产生动感，显示个性，形成富于变化的画面（图 1-4）。

在家具造型中，柜门或屉面上各种不同形状的拉手、销孔、锁孔，沙发软垫上的装饰包扣、泡钉，以及家具上的五金件和局部装饰配件等，相对于家具整体而言，都是较小的面或体，一般都表现为点的形态（图1-5、图1-6）。

图1-1　红蓝椅子

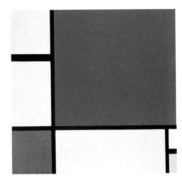

图1-2　蒙德里安的作品《红黄蓝的构图》

图1-3　等间隔排列

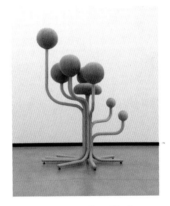

图1-4　变距排列

图1-5　点在家具中的应用（一）

图1-6　点在家具中的应用（二）

## 2. 线元素

线有两种形态：直线和曲线。线具有方向性，不同的线给人以不同的感受。利用垂直线的挺拔感，可改善空间低矮压抑的形象。以水平线为主的家具给人以平静舒展之感。优美的曲线变化丰富，显得优雅活泼。

（1）直线造型的家具。直线包括垂直线、水平线和斜线。垂直线造型的家具一般有严肃、高耸及富有逻辑性的阳刚之美；水平线造型的家具则具有开阔、安静的阴柔之美，如图1-7所示；斜线造型的家具具有突破、变化和不安稳感，如图1-8所示。

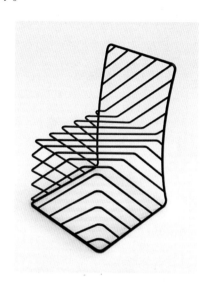

图1-7　直线造型的家具图　　　　　　　图1-8　斜线造型的家具

（2）曲线造型的家具。曲线分为几何曲线和自由曲线。曲线造型的家具优雅、柔和而富有变化，给人以理智、明快之感（图1-9、图1-10）。曲线造型的家具象征女性丰满、圆润的特点，也象征着自然界美丽的流水、彩云。

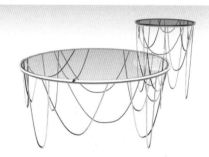

图1-9　曲线造型的家具（一）　　　　　　图1-10　曲线造型的家具（二）

（3）直曲线结合的家具。直曲线结合是比较常见的设计手法，既能满足功能需求，又能很好地表达情感诉求（图1-11、图1-12）。

### 3. 面元素

面可以分为平面与曲面（图1-13、图1-14）。平面有垂直面、水平面与斜面；曲面有几何曲面与自由曲面(图1-15)。其中平面在空间中常表现为不同的形状，主要有几何形和非几何形两大类。

几何形是以数学的方式构成的，包括直线形（正方形、长方形、三角形、梯形、菱形等多边形）、曲线形（圆形、椭圆形等）和曲直线组合形。

非几何形则是无数学规律的图形，包括有机形和不规则形。有机形是以自由曲线为主构成的，它不如几何形那么严谨，但也并不违反自然法则，它常取形于自然界的某些有机体造型；不规则形是指人有意创造或无意中产生的平面图形。

图1-11　直曲线结合的家具（一）　　　　图1-12　直曲线结合的家具（二）

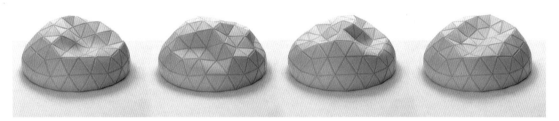

图 1-13　马修·雷汉尼尔（Mathieu Lehanneur）家具作品

图 1-14　曲面家具

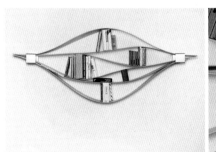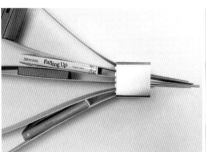

图 1-15　几何曲面与自由曲面家具

在家具造型设计中，我们可以灵活地运用各种不同形状的面、不同方向的面进行组合，以构成不同风格、不同样式的家具造型。如几何曲面具有理智和感情，而自由曲面则性格奔放，具有丰富的抒情效果。曲面在软体家具、壳体家具和塑料家具中得到了广泛应用。

4. 体元素

体是由长、宽、高等不同的面组成的立体形态。体有几何形体和非几何形体两大类。几何形体有正方体、长方体、圆柱体、圆锥体、三棱锥体、多棱锥体和球体等形态。非几何形体一般是指一切不规则的形体。几何形体，特别是长方体在家具中得到了广泛的应用，而非几何形体中仿生的有机体也是家具经常采用的形体。

体可以通过如下方法构成：线材空间组合的线立体构成；面与面组合的面立体构成；固体的块立体构成（图 1-16）；面材与线材、块立体组合的综合构成。体的切割与叠加还可以产生许多新的立体构成（图 1-17）。

图 1-16　圆柱体　　　　　　　　　　　　　　图 1-17　体的切割

体有实体和虚体之分，实体是由体块直接构成的实空间（图 1-18），虚体是由面状形线材所围合的虚空间（图 1-19），虚实的不同组合，会产生不同的视觉效果和使用功能（图 1-20）。

在家具形体造型中，实体和虚体给人心理上的感受是不同的。虚体使人感到通透、轻快、空灵而具透明感；实体给人以重量、稳固、封闭、围合性强的感受；凡是形成一个整体的家具看起来都非常稳定，有一种壮观的感觉；凡是各部分之间体量虚实对比明朗的家具，往往造型轻快、主次分明、式样突出，给人一种亲切感。

图 1-18　实体家具　　　　　　　　图 1-19　虚体家具　　　　　　　　图 1-20　虚实结合的家具形态

## 三、形式美构成设计

完美的家具造型设计，需要掌握一些造型构图方法和手段，即形式美法则。它包括：统一与变化、比例与尺度、对称与均衡、节奏与韵律等。

### 1. 统一与变化

统一与变化是矛盾的两个方面，它们既相互排斥又相互依存。统一是指在家具系列设计中要做到整体和谐，形成主要基调与风格。变化是指在整体造型元素中要寻找差异性，使家具造型更加生动、鲜明、富有趣味性。统一是前提，变化是在统一中求变化（图 1-21）。

家具设计的
形式美法则

**图 1-21　统一与变化**

### 2. 比例与尺度

比例与尺度是与数学相关的构成物体完美和谐的数理美感的规律。所有造型艺术都有二维或三维的比例与尺度的度量，按度量的大小，构成物体的大小和美与不美的形状。我们将家具各方向度量之间的关系，以及家具的局部与整体之间形式美的关系称为比例；在家具造型设计时，根据家具与人体尺度、家具与建筑空间尺度、家具整体与部件、家具部件与部件等所形成的特定的尺寸关系称为尺度。所以，良好的比例与正确的尺度是家具造型形式上完美和谐的基本条件。

在造型设计中，解决好比例与尺度的关系，既要满足功能的要求，又要符合美学法则。如埃罗·沙里宁在 1956 年设计的郁金香椅，则是以圆形盘柱为足，采用生动的花卉造型，整体用玻璃纤维板挤压成型，体现出精美的比例关系，成为工业设计史上的典范（图 1-22）。

**图 1-22　郁金香椅子**

### 3. 对称与均衡

对称是指事物（自然、社会及艺术作品）中相同或相似的形式要素之间相称的组合关系所构成的绝对平衡，对称是均衡的特殊形式（图 1-23）。对称与完全对称一般会使人产生稳定感，但过多的对称会显得呆板。均衡是指在特定空间范围内，形式诸要素之间保持视觉上力的平衡关系。均衡是根据形象的大小、轻重、色彩及其他视觉要素的分布作用于视觉判断的平衡。

图 1-24 是梁志天"偏偏"系列中的椅子，梁志天一直试图打破传统的束缚，尝试别具一格的设计，也一直试图推翻原有的设计理论，在追求完美的路上，创出不完美的美学。

图 1-23　讲求对称结构的中式家具　　　　　图 1-24　"偏偏"系列中的椅子

### 4. 节奏与韵律

节奏与韵律也是自然事物的自然现象和美的规律。例如，鹦鹉螺的旋涡渐变形、松子球的层层变化、鲜花的花瓣、树木的年轮、芭蕉叶的叶脉、水面的涟漪等，都蕴含着节奏与韵律的美。

节奏美是条理性、重复性、连续性的艺术形式的再现。韵律美则是一种有起伏的、渐变的、交错的、有变化、有组织的节奏。它们之间的关系是：节奏是韵律的条件，韵律是节奏的深化。韵律的形式有连续韵律、渐变韵律、起伏韵律和交错韵律。

（1）连续韵律：由一个或几个单位按一定距离连续重复排列而成（图 1-25）。在家具设计中可以利用构件的排列取得连续的韵律感，如椅子的靠背（图 1-26）、橱柜的拉手、家具的格栅等。

图 1-25　连续韵律（一）　　　　　　　图 1-26　连续韵律（二）

（2）渐变韵律：在连续重复排列中，对该元素的形态做有规则的增减变化，这样就产生了渐变韵律，如在家具造型设计中常见的成组套几或有渐变韵律的橱柜（图1-27）。

（3）起伏韵律：将渐变韵律加以高低起伏的重复，则形成有波浪式起伏的韵律，产生较强的节奏感（图1-28）。

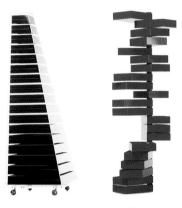

图1-27　渐变韵律

图1-28　起伏韵律

（4）交错韵律：各组成部分连续重复的元素按一定规律相互穿插或交错排列所产生的一种韵律。在家具造型中，中国传统家具的博古架，竹藤家具中的编织花纹及木纹拼花、地板排列等，都是交错韵律在现代家具中的体现。由于标准部件化生产和系列化组合工艺的应用，这种单元构件有规律的重复、循环和连续，成为现代家具节奏与韵律美的体现（图1-29）。

图1-29　交错韵律

总之，节奏与韵律的共性是重复与变化，通过起伏重复，渐变重复可以进一步强化韵律美，丰富家具造型，而连续重复和交错重复则强调彼此呼应，加强统一效果。

◉ **实训任务** ◉

1. 收集家具大师的经典设计作品，从家具造型、风格等方面进行详细分析，以PPT的形式进行总结汇报。

2. 收集并分析中国当代家具设计先锋派人物资料及作品，以PPT的形式进行总结汇报。

3. 收集符合家具形式美法则的家具作品，并加以分析。

4. 中国传统家具临摹与分析：进行细致描绘，要有对整体和细节的分析，大概100字左右。

中国传统家具
临摹与分析

## 任务二　家具色彩设计

### 一、案例解析

如图 1-30 所示的活力派对客厅，色彩碰撞鲜明，是年轻人的首选客厅，艳丽的色彩、轻松混搭，给客厅带来不沉重的分量感。

三人座的沙发奠定了客厅的主色调，蓝色软包与红色抱枕对撞，打造了沉稳又不沉闷的客厅氛围。主沙发旁除了加单人座沙发外，亮色的单人椅也是非常流行的折中混搭法，柠檬黄椅让客厅颜色更具动感。茜红色线条的边几与沙发上的抱枕的颜色相呼应，同时也给空间更多的通透感（图1-31）。

图 1-30　家具组合图　　　　　　　　　　图 1-31　茜红色线条的边几

### 二、家具的色彩

色彩是眼睛受到光的刺激所引起的视觉作用。针对不同的家具，搭配不同的色彩，不仅能在视觉上获得愉悦的审美效果，而且能在不同的色调中，给人以不同的心理感受。根据应用对象的不同，可以采用不同的颜色搭配，以恰当的色彩达到理想的艺术效果。儿童用家具应选用娇嫩、明快的色调，适应于儿童天真可爱的特征。青年用家具应选用明亮鲜艳的色调，适应于青年人青春朝气的特点（图 1-32）。中老年人用家具，可以选用素雅、稳重的色调，适应于中老年人安静的个性特点。也可以根据应用对象的个性爱好选用合适的颜色。

图 1-32　红色系家具

　　空间的色彩效果是需要从室内设计的角度来通盘考虑的。家具设计可以充分利用材料的自然颜色来精心搭配，以凸显家具本身的艺术感染力。家具设计的配色方案一般分为调和与对比两种。

　　调和是指以某种单色或类似色相系列为基础对家具进行配色（图1-33），其中的变化可通过明度和纯度的变化取得，也可将少量的其他色相作为重点或加以外观形态和肌理的变化而取得。

图1-33　调和色彩

　　家具色彩对比包括色相对比、冷暖对比、浓淡对比和明暗对比。家具色彩的不同属性可以使空间产生不同的视觉效果。例如，暖色的家具可以使空间膨胀，使其感觉更充实；相反，冷色的家具则使空间收缩；浅色的家具使空间显得更为开敞，而深色的家具则使空间更稳定。家具的色彩与所处环境的色彩共同营造了空间氛围（图1-34）。

图1-34　空间中的家具色彩

## 三、家具的色彩运用

　　家具的色彩运用一般表现在三个方面：

（1）用色彩结合形态对家具功能进行暗示。如家具的某个部位或某个零件用色彩加以强调，暗示功能与结构。

（2）用色彩制约和诱导家具产品的使用行为。如深色表示稳重，白色表示洁净，黄色表示温暖。

（3）用色彩象征功能。有时家具的特征属性能够用色彩来表现，色彩反映的是家具产品的系列化形象，甚至关系到企业的形象和理念。

适当的色彩运用在家具设计中不仅能够理性地传达某种设计理念，更重要的是它能够以其特有的魅力激发使用者的情感，达到影响人、感染人和使人容易接受的目的（图1-35、图1-36）。同时，家具设计还应该考虑消费个体对色彩不同的认同度。地理气候及文化的差异导致民族色彩的出现，注意民族色彩的收集与整理，发掘民族色彩形成的深层原因，才能在设计的过程中把握这个民族文化的脉络，体现个性化的设计思维，照顾这个民族大部分个体的色彩认同。

图1-35 同款家具的不同色彩表现（一）

图1-36 同款家具的不同色彩表现（二）

⊙ **实训任务** ⊙

1. 对沃纳·潘顿（Verner Panton）的家具色彩进行分析。

2. 结合地域性，对民族传统家具色彩进行分析。

## 任务三 家具的质感、肌理及材料

### 一、案例解析

材质是家具材料表面的三维结构产生的一种质感，用来形容物体表面的肌理。材质肌理是构成家具工艺美感的重要因素与表现形式。

以色列设计师约夫·阿维诺姆（Yoav Avinoam）设计的刨花凳，是以锯屑和树脂为材料，在制作过程中将它们放在模具里压制而成的（图1-37）。

刨花凳的制作过程如图1-38所示。

图 1-37　刨花凳

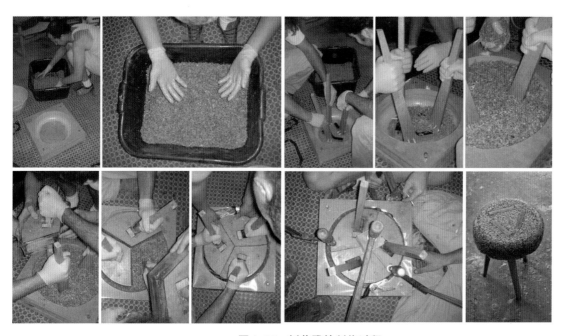

图 1-38　刨花凳的制作过程

## 二、质感

所谓质感是指物体表面的质地作用于人的视觉而产生的心理反应，即表面质地的粗细程度在视觉上的直观感受（图 1-39）。质感的深刻体验往往来自人的触觉，不过由于视觉和触觉的长期协调实践使人们积累了经验，往往凭视觉也可以感受到物体的质地。

图 1-39　毛绒质感的座椅

## 三、肌理

所谓肌理是指物体表面的纹理。大自然中的任何物体都是有表面的，而所有表面都是有特定肌理的。天然材料的表面和不同方式的切面都有千变万化的肌理，这是我们形式设计取之不尽的创作源泉。一般而言，人们对肌理的感受是以触觉为基础的，但由于人们对触摸物体的长期体验产生了感知记忆，以至于不必触摸，便会在视觉上感受到质地的不同，这可称为视觉质感。因此，肌理有触觉肌理和视觉肌理之分。

（1）触觉肌理：包括物体的粗与细、凸与凹、软与硬、冷与热等。图 1-40 是 PVC 管材制作的椅子，给人硬朗的触觉与视觉感受。

（2）视觉肌理：包括物体的细腻与粗糙、有光与无光、有纹理与无纹理等。

**图 1-40　PVC 材料制作的椅子**

在家具设计中，常规的肌理效果总是带有大众化的色彩而流于平淡，而偶发肌理的变异性却能给人带来某种惊喜和非常规的视觉效果。偶发肌理是指在工艺加工过程中，由于外界偶发性干预所产生的肌理变异效果。它让本来平凡的材料产生更高品质的艺术性，从而大大提高家具材料的外在表现力。其效果是设计师可以有目的地选择却难以完全把控的。

## 四、材料

材料是从原料中取得的，并且是生产产品的原始物料，包括人类在动物、植物或矿物原料基础上转化的所有物质，如金属、石块、皮革、塑料、纸、天然纤维和化学纤维等。以材料为标准对家具的分类，见表 1-1。

**表 1-1　家具类型及其主要特征**

| 家具类型 | 主要特征 |
| --- | --- |
| 木材家具 | 主要使用实木或各种木质复合材料（如刨花板、纤维板、胶合板等），经过锯、刨等切削加工手段，采用各种样式接合制成的家具 |
| 塑料家具 | 整体或主要部件使用塑料（包括发泡塑料）加工而成的家具 |
| 竹藤家具 | 使用藤材编织而成的家具 |
| 金属家具 | 主要使用钢材、铸铁、铝板等常见金属材料所制作的家具 |
| 石材家具 | 以大理石、花岗岩或人造石材为主要构件的家具 |
| 玻璃家具 | 以玻璃为主要构件的家具 |
| 纸质家具 | 以纸为材料做成的家具，突出环保理念 |
| 软体家具 | 以弹簧、填充料为主，以泡沫塑料成型或充气成型的柔性家具 |

### 1. 木材

木材作为一种天然材料，在自然界中蓄积量大、分布广、取材方便，具有优良的特性。木材一直是最广泛、最常用的传统材料，其自然朴素的特性更是让人产生亲切感，被认为是最富于人性特征的材料。

（1）实木。实木是家具中应用最为广泛的材料，至今仍然在家具设计中占有主要地位。其特点是质地优良、坚硬，质轻而强度高，加工也很方便，且纹理细腻、色泽丰富，隔音效果较好。家具的结构部分必须采用硬度大的木材，以防止破裂，所以木材必须彻底干燥，将膨胀、收缩和变形等缺点降到最低。

实木家具可以分为全实木家具、实木家具、实木贴面家具和实木面家具。

全实木家具是指所有零部件（镜子托板、压条除外）均采用实木锯材或实木板材制作的家具，表面没有任何覆面处理。

实木家具是指基材（抽屉、隔板、床铺等）采用实木锯材或实木板材制作的家具，表面不做任何覆面处理，但其他部位可以用人造材料代替。

实木贴面家具是指基材采用实木锯材或实木板材制作，并在表面覆贴实木单板或薄木（木皮）的家具。

实木面家具只要求家具门、面部分以实木锯材制作，对其他部位没有明确要求。

（2）人造板。人造板是以木材或其他非木材植物为原料，经一定机械加工分离成各种单元材料后，施加或不施加胶粘剂和其他添加剂胶合而成的板材或模压制品（图1-41）。

图1-41 人造板家具

人造板的种类主要包括胶合板、刨花（碎料）板和纤维板三大类产品，其延伸产品和深加工产品达上百种。胶合板、刨花板和纤维板三者中，以胶合板的强度及体积稳定性最好，加工工艺性能也优于刨花板和纤维板，因此使用最广。硬质纤维板有可以不用胶或少用胶的优点，但纤维板工业对环境的污染十分严重。刨花板的制造工艺最简单，能源消耗最少，但需使用大量胶粘剂。

2. 塑料

塑料是对20世纪的家具设计和造型影响最大的材料。而且，塑料也是当今世界上唯一真正的生态材料，可回收利用和再生。塑料制成的家具具有天然材料家具无法代替的优点，尤其是整体成型自成一体，色彩丰富，防水防锈，成为公共建筑、室外家具的首选材料。塑料家具除了整体成型外，更多的是制成家具部件，与金属材料、玻璃配合组装成家具。

在家具制造中常用的塑料类型有三种，即强化玻璃纤维塑料（FRP），ABS树脂和亚克力树脂。

强化玻璃纤维塑料是强化塑料的一种，是复合塑料材料。由于它具有优越的机械强度，且质轻透光、强韧而微有弹性，又可自由成型、任意着色，成为铸模家具的理想材料。它可以将所有细部构件组成完整整体，以椅子为例，椅座、椅背和扶手等构件皆可与腿连成一体而无接合痕迹，给人感觉暖和轻巧。

ABS树脂又称合成木材，是一种坚韧的材料，通过注模、挤压或真空模塑成型，用于制造零部件及整个椅子框架部件。

亚克力树脂即丙烯酸树脂，主要特点是坚固强韧、无色透明，有类似玻璃的表面质地，利用简单的真空成型或加温弯折方法，可以使制作家具时有着广泛的造型可能。

3. 金属

主要部件由金属所制成的家具称为金属家具。根据所用材料，可分为全金属家具、金属与木结合家具、金属与其他非金属（竹藤、塑料）材料结合的家具。金属材料技术的进步在20世纪早期的产品设计创新中扮演了重要角色，尤其是无缝钢管，是座椅类家具及与之相关的餐桌、咖啡桌的基本元素之一。钢管为家具创建了一个全新的形式，将功能主义的简洁线条审美观带入了家庭。当今，制椅技术除了在金属的成型、加工和表面涂饰处理方面提高工艺水平外，还在不同材料间的连接性上也尝试各种创新。

### 4. 竹材和藤材

竹材和藤材都是自然材料，可单独用来制造家具，也可以与木材、金属等材料配合使用。竹子是东方传统的材料，并且已经成为一种文化识别符号。竹子被广泛地用于中国的家具及工艺品制作。菲律宾设计师肯尼斯·科托努（Kenneth Cobonpue）不断地开发新的工艺并且融入西方现代设计理念，推出了一系列非常优秀的现代藤编作品，这些作品又有着浓郁的传统气息（图1-42）。

### 5. 玻璃

玻璃是一种晶莹剔透的人造材料，具有平滑、光洁、透明的独特材质美感。现代家具的一个流行趋势就是把木材、铝合金、不锈钢与玻璃相结合，极大地增强了家具的装饰观赏价值，现代家具正在走向多种材质的组合，在这方面，玻璃在家具中的使用起了主导性作用（图1-43）。

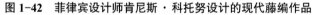

**图1-42　菲律宾设计师肯尼斯·科托努设计的现代藤编作品**　　　**图1-43　宜家（IKEA）玻璃门橱柜**

### 6. 石材

石材是大自然鬼斧神工造化的、具有不同天然色彩石纹肌理的一种质地坚硬的天然材料，给人以高档、厚实、粗犷、自然、耐久的感觉（图1-44）。

天然石材的种类很多，在家具中主要使用花岗岩和大理石两大类。由于石材的产地不同，故质地各异，同时在质量、价格上也相差甚远。在家具的设计与制造中，天然大理石材多用于桌、台案、几的面板，可发挥石材坚硬、耐磨的特点和天然石材肌理的独特装饰作用。同时，也有不少室外庭院家具，室内的茶几、花台是全部用石材制作的。人造大理石、人造花岗岩是近年来开始广泛应用于厨房、卫生间台板的一种人造石材。它以石粉、石渣为主要骨料，以树脂为胶结成型剂，一次浇铸成型，易于切割、抛光，其花色接近天然石材，抗污力、耐久性及加工性、成型性优于天然石材，同时便于标准化、部件化批量生产，特别是在整体厨房家具、整体卫浴家具和室外家具中广泛使用。

### 7. 纸质材料

纸质材料具有良好的切割性、粘贴性、可折叠性，加工处理时可先设定需要的骨架基础，然后进行有规律的折屈、黏合。与其他材料相比，纸质材料的可切割性大大降低了它的加工难度，为纸的立体造型开创了丰富多彩的局面。纸质材料由于自身吸水性、结构强度等方面的原因，也不可避免地有着自身的局限性和不足，因此我们需要特别注意，在设计和生产过程中尽量减少或者避免其缺陷对产品功能的影响。

　　纸质家具所用的原材料主要有瓦楞纸、工业纸板和蜂窝纸板等。瓦楞纸以其结实、轻质、环保的特点越来越受到设计师的推崇，不仅可以用来制作瓦楞纸家具、瓦楞纸玩具，甚至可以用来建造办公室（图1-45）。

　　8. 软体家具

　　软体家具是指以实木、人造板、金属等为框架材料，用弹簧、绷带、泡沫塑料等作为弹性填充材料，表面以皮、布等面料包覆制成的家具，特点是与人体接触的部位由软体材料制成或由软性材料饰面（图1-46）。

图1-44　石材家具

图1-45　瓦楞纸家具

图1-46　软体家具

⊙ **实训任务** ⊙

　　1. 分析菲律宾设计师肯尼斯·科托努家具选材的特点。

　　2. 收集以木材为主体的材质混搭家具作品，并以PPT的形式进行总结汇报。

　　3. 利用瓦楞纸材质特点，设计并制作瓦楞纸凳子。

● **课后拓展**

材质与结构

外国现代家具

家具榫卯结构

# 项目二 | 家具设计的方法与程序

**知识要点**

家具设计的方法；家具设计的程序；家具设计表达。

**能力目标**

能根据环境要求，系统地计划空间，合理进行家具设计；能运用多种设计手法进行家具设计；能合理表达家具创意。

**素养目标**

培养设计创新性能力；注重职业习惯的培养；培养团队精神；形成设计纵横观，提高学生对古今中外家具的艺术鉴赏能力。

现代家具设计是一个涉及产品前期调研、设计研究、产品研发、生产制造、销售推广、使用与维护，以及回收处理的完整生命周期的"系统工程"。在这个设计过程中设计方法的引领至关重要。掌握家具设计的方法与程序，并将其应用到家具设计中，才能引领家具设计发展的方向。

## 任务一 家具设计的方法

### 一、案例解析

汉斯·瓦格纳设计的"孔雀椅"，外形酷似孔雀的形态，这表现了他早期对仿生设计的探索，也体现了他丰富的创造力和欣赏自然的设计理念。这件作品鲜明的现代立体线条不只是好看而已，更重要的是它摄人心魄的靠背和它豪华型的木条，是符合人体工程学与工艺美学的一件杰作。那木条上的扁平部分给人的第一印象是孔雀羽毛，但事实上是为了让人们的肩膀更加舒适而设计的（图2-1）。

汉斯·瓦格纳深入研究中国传统家具，并将其上升到一个新高度。1945年设计的系列"中国椅"便吸收了明式椅子精髓，1947年，他设计的"孔雀椅"被放置在联合国大厦。

### 二、模块化设计

家具模块化设计，是指在通用模块与专用模块的基础上，通过使用标准化的接口而组合成家具的设计方法。也就是说在对家具进行功能分析的前提下,划分并设计出一系列对应的家具功能模块,通过功能模块的选择和组合构成不同形式的家具。因为组合方式不同,所以最终获得的家

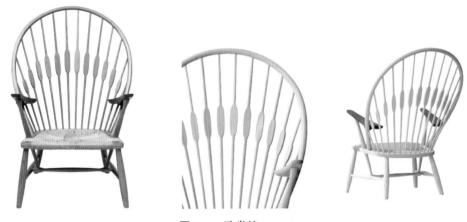

图 2-1　孔雀椅

具形式也不同。因此,模块化设计能迅速实现家具的多样化,以满足市场对家具商品多样化的需求(图 2-2)。

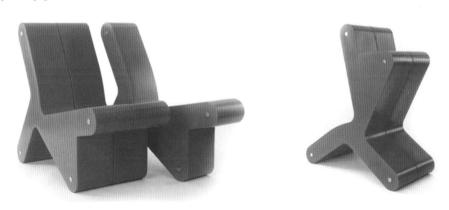

图 2-2　模块化组合家具

第二次世界大战以后,欧洲的重建对家具业提出了生产效率高、标准化、系列化、便于装配且具有良好结合性能的产品的要求。在这种情况下,32 mm 系统应运而生,产生了"部件即产品"的全新概念。它是以单元组合设计理论为指导,通过对零部件的设计、制造、包装、运输、现场装配来完成板式家具产品。20 世纪 70 年代,32 mm 系统的逐步成熟与生产设备、五金件及原材料生产的模数化、系统化,使拆卸设计在板式家具生产中获得了前所未有的发展。

## 三、逆向设计

逆向设计是把习惯性的思维逆转,从事物的对立面探求出路的设计构思方式,即"原型—反向思维—设计新的形式"。逆向思考的方法使人们得以从绝对观念中解脱,这种构思方法也可以促使设计者获取一定的想象力而创造出新的家具。

## 四、模拟与仿生设计

模拟是指较为直接地模仿自然形象或通过具象的事物形象来寄寓、暗示、折射某种思想情感。

这种情感的形成需要通过联想这一心理过程，来获得由一种事物到另一种事物的思维的推移与呼应。利用模仿的手法具有再现自然的意义，在家具设计实践中，具有这种特征的家具造型，往往会引发人们美好的回忆与联想，丰富家具的艺术特色与思想寓意。在家具造型设计中，常见的模拟与联想的造型手法有以下三种。

图2-3　局部造型模拟设计

一是局部造型的模拟，主要出现在家具造型的某些功能构件上，如脚架、扶手、靠板等（图2-3）。

二是整体造型的模拟，把家具的外形模拟塑造为某一自然形象，有写实模拟和抽象模拟的手法，或介于两者之间。一般来说，由于受到家具功能、材料、工艺的制约，抽象模拟是主要手法。抽象模拟重神似，不求形似，耐人寻味。图2-4所示为采用写实模拟的手法进行的整体造型设计。

三是在家具的表面装饰图案中以自然形象做装饰。这种形式多用于儿童家具。

仿生设计是通过研究自然界生物系统的优异形态、功能、结构、色彩等特征，并有选择地在设计过程中应用这些原理和特征进行设计，同时结合仿生学的研究成果，为设计提供新的思想、新的原理、新的方法和新的途径。仿生设计学作为人类社会生产活动与自然界的契合点，使人类社会与自然达到高度统一，正逐渐成为设计发展过程中的新亮点。

仿生设计的过程是：生物体—仿生创造思维—新产品、新设计。

例如，仿生设计海葵沙发：圆润造型给你可爱的视觉体验；符合人体工程学的沙发倾斜角度；采用硅胶材质模拟肌肤的触感（图2-5、图2-6）。

图2-4　整体造型模拟设计

水世界

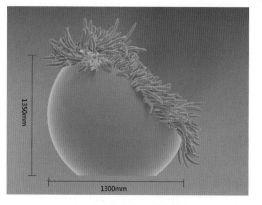

图2-5　海葵沙发侧面图

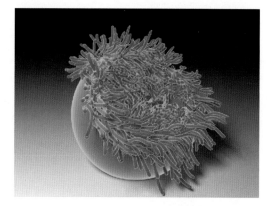

图2-6　海葵沙发效果图

## 五、趣味化设计

在满足基本功能的基础上，增强趣味化设计，能够很好地提升产品的娱乐性，给人新奇的体验。

"猴尾巴椅"由不锈钢、木材及皮革三种材料制成，并有适用于儿童和成人的尺寸。尾巴对于多数动物来说是不可或缺的有用器官，用来感知平衡、吸引异性以及表达情感，坐上这把椅子之后，可以获得额外的乐趣（图2-7）。

图 2-7　"猴尾巴椅"

## 六、联想设计

联想既是审美过程中的一种心理活动，也是美学、心理学研究的范畴。同时联想这种心理活动又是一种扩展性的创造性思维活动，是创造美的活动中的一种科学思维方法。因此，联想同样可作为家具设计的科学方法之一。具象形态联想设计是最常见的一种联想方法，通过形态的相似性产生的联想设计更容易被大众接受并产生较强的共鸣。

◉ **实训任务** ◉

1. 收集模块化、模拟与仿生化、趣味化的家具作品，以PPT的形式进行总结汇报。
2. 以仿生的手法设计一款家具，要求符合人体工程学规律，造型美观，图面整洁。

家具设计的方法

# 任务二　家具设计的程序

## 一、案例解析

荷兰设计师罗兰德·奥登（Roeland Otten）设计的AB椅，这26把椅子分别为26个英文字母。设计师依据不同字母的外形特征来实现坐的功能，外表黑色的喷漆让这些椅子犹如一种新的字体。整套椅子设计中，除了靠椅，还有独凳的设计。M、N、O等凳子，从造型上看中规中矩，但贵在其设计理念（图2-8～图2-13）。

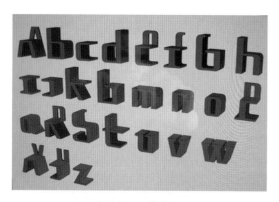

图 2-8　草图设计

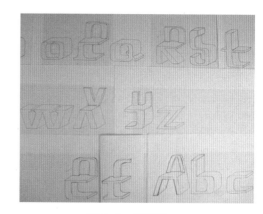

图 2-9　透视图

图 2-10　效果图

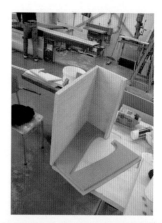

图 2-11　模型图

图 2-12　制作过程图

图 2-13　实物图

## 二、家具设计的程序

设计方法是解决设计问题的手段，往往由许多步骤或阶段构成，这些设计步骤或阶段就是设计程序。设计程序是有目的地实施设计计划的行为次序，是一个具体的设计从开始到结束的各个阶段有序的工作步骤（图 2-14）。当然，各个阶段的划分并不是绝对的，有时会相互交错，有时又需要返回到上一阶段，循环进行。设计方法的存在是为了更好地解决设计问题，设计程序是设计方法的架构，是针对首要的设计问题而拟定的步骤，每一个步骤的设立，必然是针对主要的设计问题而定的。设计程序中的每一个阶段，都是针对不同的问题，因此也就需要不同的方法来解决。

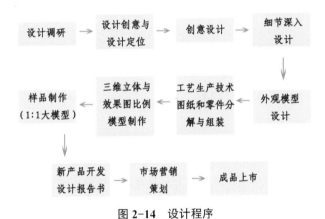

图 2-14　设计程序

### 1. 调研分析

家具的新产品开发是一项有计划、有目的的活动，企业生产的产品并不是毫无根据地仅仅凭着设计师的丰富想象力设计出来的。产品的造型设计千变万化，新设计开发的家具想要在市场中具有竞争力，就必须满足消费者的需求，解决家具在不同使用空间、使用状态下，物质和精神需求所遇到的实际问题。只有这样，产品才能有良好的市场反应，才能达到新产品开发的目的。所以，家具设计师必须通过对市场的多方位、多角度的调查和科学的分析与研究，才能准确把握消费者对家具产品的真实需求。

调研内容包括消费者调研、现有产品调研、消费行为调研、竞争对手调研、营销调研、市场行情调研等。调研方法包括资料分析法、询问法、观察法等。

### 2. 草图与构思

在设计过程中，草图不仅可以记录设计思路，同时还可以带来瞬间的设计灵感。所以，勾画草图是一个拓展思路的过程，也是一个图形化的思考和表达方式。这是一个非常重要的步骤，许多精妙的创意就有可能产生于草图中，这不仅有利于设计师自己更好、更深入地了解设计对象，还有利于方案的逐步完善。每一位设计师都必须具备一定的绘图表现能力去表达自己的设计思想。

草图的表现形式多种多样，根据设计任务的不同阶段，可以把草图分为构思草图和设计草图。构思草图和设计草图有着各自不同的用途和表现形式。构思草图是一种广泛寻求未来设计方案可行性的有效方法，也是对家具设计师在产品造型设计中思维过程的再现（图2-15）。构思草图的主要作用是完成设计构思。设计草图是经过设计师整理、选择和修改完善的草图，是一种正式的草图方案（图2-16）。

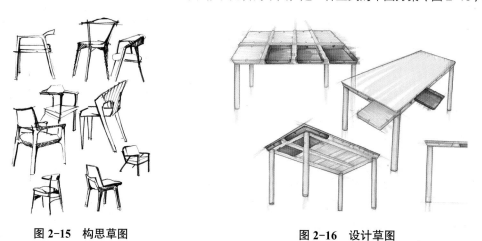

图 2-15　构思草图　　　　　　　　图 2-16　设计草图

在经过了勾画草图阶段后，会得到许多设计创意，方案推敲阶段最重要的就是比较、综合、提炼这些草图，希望能够得到基本成熟的方案。市场需求、功能需求、技术需求、经济需求等不以设计师意志为转移的硬性条件是推敲的重点。

初步方案基本确立后，需要做的就是将草图转化为图纸，从中解决相关的材料、施工方法、结构等问题。方案深化阶段是对原有方案的深化与完善。

3. 设计表达

设计表达是直观地表现出家具艺术效果和施工方法的图纸，分为效果图和施工图（图2-17～图2-20）。用文字和图式的方法将家具的设计思想、技术表达等细节说明清楚，方便生产和施工。设计表达的作用在于不仅能使生产者能充分理解设计意图，还能让消费者感受到设计的魅力和产品的生命力。

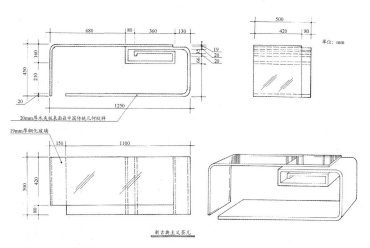

图 2-17　家具三视图（学生作品　李红设计　指导老师徐俊杰）

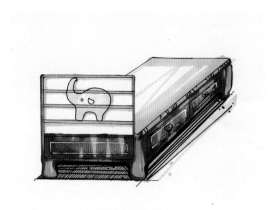

图 2-18　手绘家具效果图（一）（学生作品 李林　　图 2-19　手绘家具效果图（二）（学生作品 李林霞
　　　　　霞设计　指导老师李卓）　　　　　　　　　　　　　　设计　指导老师李卓）

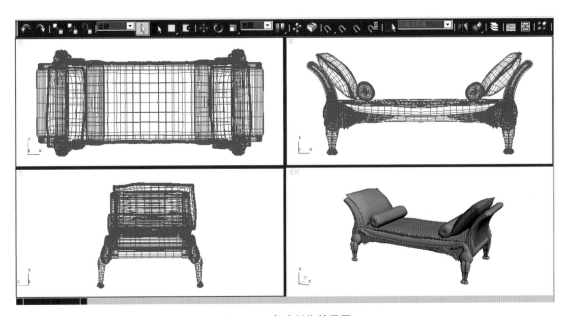

图 2-20　电脑制作效果图

## 4. 模型制作

家具产品开发设计不同于其他设计，它是立体的物质实体设计，单纯依靠平面的设计效果图检验不出实际造型产品的空间体量关系和材质肌理。模型制作是家具由设计向生产转换阶段的重要一环。最终产品的形象和品质感，尤其是家具造型中的微妙曲线、材质肌理的感觉必须辅以各种立体模型制作手法来对平面设计方案进行检测和修改。

设计师经常使用草图模型、模拟模型、外观模型和结构模型。家具模型制作通常采用木材、黏土、石膏和塑料板材或块材，以及金属、皮革、布艺等材料，使用仿真的材料和精细的加工手段，按照一定的比例制作出尺寸精确、材质肌理逼真的模型。模型制作也是家具设计程序的一个重要环节，是进一步深化设计，推敲造型比例，确定结构细部、材质肌理与色彩搭配的设计手段。

模型制作完成后可配以一定的仿真环境背景拍成照片，进一步为设计评估和设计展示所用，也利于编制设计报告书的模型章节，模型制作要通过设计评估的研讨与确定才能进一步转入制造工艺环节（图 2-21、图 2-22）。

**图 2-21 模型制作（一）** | **图 2-22 模型制作（二）**

3D 打印是一场颠覆性的工业技术革命，如今这一技术也开始进入家具制造领域，凭借塑造几何形状近乎无限的能力，3D 打印家具产品频频出现。从台灯到躺椅，到吧凳，再到直背椅，3D 打印技术重塑了家具概念（图 2-23）。

 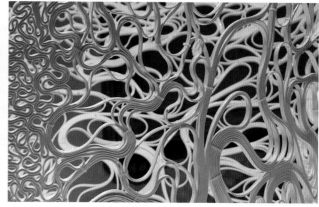

3D 打印叶状体结构 　　　　　　　　3D 打印细节图

**图 2-23 3D 打印技术**

◉ **实训任务** ◉

1. 设计新中式风格的家具，把"中国元素"自然合理地融入家具设计当中。

2. 绘制思维导图、草图、三视图、效果图等设计表现图，要求图面整洁，表现手法不限。

3. 设计说明 100 ～ 200 字。

 **课后拓展**

家具效果图表现

# 项目三 | 系列化儿童家具设计

**知识要点**

儿童家具设计的原则；儿童家具色彩设计；儿童家具造型设计；儿童家具的材质选择；系列化儿童家具设计的流程。

**能力目标**

能灵活运用系列化家具设计的方法；能根据儿童特点进行儿童家具设计。

**素养目标**

培养良好的沟能与协作能力；培养团队精神；培养工程安全意识。

## 任务一 儿童家具设计的原则及作品分析

### 一、案例解析

克罗地亚设计师纳塔·恩杰戈瓦诺维奇（Nataa Njegovanovi）将动物形象运用在家具上，设计了 Avila 系列儿童家具（图 3-1 ~ 图 3-4）。这一系列的儿童家具包括书桌、凳子、玩具整理箱、铅笔盒、脚踏车。书桌是奶牛，铅笔盒是公鸡，凳子是小狗，玩具整理箱是粉色的小猪，脚踏车是小猫，动物们被抽象成简单的线条与面板，同时也保留了自身独特的个性。

图 3-1　Avila 系列儿童家具

图 3-2　Avila 系列儿童家具——玩具整理箱

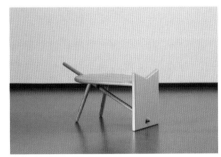

图 3-3　Avila 系列儿童家具——凳子

图 3-4　Avila 系列儿童家具——书桌

## 二、儿童生理和心理特征的分析

### 1. 儿童的生理特征

第一，大脑。大脑神经活动机能兴奋性较高，他们清醒的时间逐渐增多，对外界刺激反应强烈，适应能力差，抵抗力弱。他们的大脑抑制机能也在不断增强，开始能够调节控制自己的行为。兴奋和抑制转换较快但不稳定，因此，让儿童过分兴奋和过分抑制都是不适宜的。

第二，身高。儿童身体的生长发育是一个不断发展的过程，总的趋势是开始时生长很快，后来生长很慢，其中出现两次猛增现象，称为生长高峰（图3-5）。

第三，骨骼。儿童的骨骼正处于生长发育阶段，骨骼成分中胶质较多、钙质较少，骨化过程尚未完成，富有弹性，坚固性较成人差，容易弯曲变形、脱臼和损伤。组织系统未发育完全，肌肉的支撑力相对较弱，很容易出现脊椎骨弯曲，脊柱异常、变形等现象。因此，儿童必须注意保持正确的姿势和体位，以免造成驼背、脊柱变形和胸部畸形等。

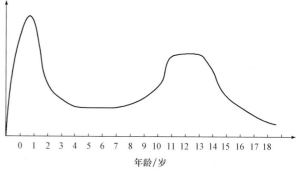

年龄/岁

图 3-5　儿童身体生长曲线示意图

第四，肌肉。儿童大肌肉的力量不断增强，小肌肉也有了发展。他们不仅能从事各种运动量较大的跑跳等大肌肉活动，而且能进行使用小肌肉的活动。总体上，儿童肌肉十分柔软娇嫩，极易受到损伤，同时缺乏耐力，易于疲劳。

### 2. 儿童的心理特征

儿童的心理状态会随年龄的增长体现出不同的特征。儿童活泼好动，特别喜欢游戏、喜欢模仿，将模仿作为学习的途径；好奇心强，心理比较脆弱敏感；有的儿童喜欢群居等，这些都体现了儿童心理上的习性。儿童的心理特征体现在思维、想象和注意力三个方面。

第一，儿童思维的特征。瑞士著名儿童心理学家皮亚杰把儿童的思维发展划分为四个阶段。

（1）感知运动阶段（1～2岁）：只能协调感知觉和动作活动，还没有表象和思维。

（2）直觉思维阶段（2～7岁）：对事物的认识有了进一步的发展，虽然仍无法靠观念来直接思考，但是能靠自己的观察，经由脑里的精神形象及直觉来提供答案。

（3）具体运用阶段（7～11岁）：已经不完全靠自己的直觉与观察来了解一切。可以凭说明、结实、举例来获取许多资料与知识。这些资料与知识必须是具体的事情，对于很抽象的概念则不易理解。

（4）形式运用阶段（12～17岁）：进入青春期，青少年的思维方式已经成熟，跟成人相似，懂得试验、假说、推论这类形式化的思考应用。

第二，儿童想象的特征。儿童的内心世界是相当丰富精彩的，他们具备超乎常规的想象力。例如在游戏和观察事物中，他们常常重现故事情节、人物姿态或重现成人生活或影片中个别角色的言语和动作等。想象主要是以形象为特征的，通过丰富的表象，如参观、绘画、幻想故事、音乐、文艺等实践活动，可以使儿童的想象力得到增强和丰富。随着儿童年龄的增长及认识思维的发展，儿童的创造想象成分增多，0~7岁是小孩创造力发展的巅峰时期。因此，在儿童家具设计中，可以借用儿童喜欢的动画片情景，博取儿童的喜欢（图3-6）。

第三，儿童注意力的特征。首先，儿童是个天性活

图 3-6　卡通动画图案沙发

泼、好动的群体，注意力容易分散，稳定性较差。这与注意对象的内容有关。儿童对于一些具体的、活动的、鲜明的事物以及操作性的工作，容易集中和稳定注意力，而对于抽象的造型、复杂的含义及单调刻板的对象，就不容易集中注意力。

其次，儿童注意力的范围较成年人小，以速示器做的实验证明：儿童平均只能看到2~3个客体，而成人能同时看到4~6个客体。因此不能让儿童同时知觉较多的对象，否则会造成儿童注意力混乱。

## 三、儿童家具设计的原则

儿童正处于长身体的阶段，骨骼中含钙质较少，含胶质较多，所以容易发生脱臼、骨折。神经系统有待完善，过度兴奋容易疲劳，也很难让儿童注意力集中。依据这些生理特点，儿童家具在设计中要遵循以下原则：

1. 基于儿童生理特征的儿童家具设计原则

第一，安全性原则。

（1）结构安全：家具结构合理，做到稳固、稳定、不破裂。

（2）造型安全：家具的边角要设计成圆角，不可设计成尖角造型，家长还可以根据需要贴上防护角，避免儿童受伤。

（3）材料安全：要选择通过国家质量检验的家具材料，要做到环保无毒，尽量选择硬板床，避免床过软对儿童骨骼造成影响。

（4）配色安全：儿童喜欢鲜艳的色彩，但大面积过分鲜艳的色彩不利于其情绪的稳定，因此在色彩搭配上要注重家具与空间的协调性，不要造成过度刺激，以免产生视觉疲劳。

（5）用电安全：儿童对任何事物都好奇，喜欢通过触觉认识事物，所以电路设置要考虑走暗线，插座设置在隐蔽不易碰触的地方。

第二，人体工程学原则。运用人体工程学原则合理设计儿童家具，才会让儿童在使用时感觉舒服，有益于儿童的健康成长。比例与尺度不合理的座椅、桌子常常容易使儿童疲劳，这就很难让他们快乐地享受阅读、绘画等活动，会降低儿童学习与求知的兴趣。长期使用这种尺度不合适的桌子，会养成不正确的坐姿，以致引起脊柱变形、近视等疾病。

第三，适用性原则。随着时代的发展，儿童的需求也发生着变化，要充分考虑不同成长阶段儿童的特点和需求进行有针对性的设计，创造出新颖别致的儿童家具来。要根据不同年龄段配置适应儿童年龄的家具，如学龄前儿童时期主要家具为整理柜、衣柜、玩具柜、储物柜等。

第四，成长性原则。对于成长期的儿童来说，儿童家具最好能够根据身高的变化进行尺寸和功能的调节，使儿童在使用过程中始终处于最佳的生理状态，延长家具的生命周期。

儿童家具应该注重考虑儿童的成长性，在一定范围内可以调节尺寸，以适应儿童的成长需要。如宜家的布松纳（BUSUNGE）可加长型儿童床，不仅有耐磨的表面和耐看的设计风格，而且可以持续使用很长时间。该儿童床最小长度为138 cm，最大长度为208 cm，充分考虑了各个年龄段的不同需要，适应孩子的身高变化，伴随孩子成长（图3-7）。

2. 基于儿童心理特征的儿童家具设计原则

第一，艺术性原则。家具的造型是家具的外在表现，儿童的家具要做到活泼、简洁、大方、明快、象征性强、富有艺术性，切忌出现累赘、烦琐的设计。

第二，益智、趣味性原则。优秀的儿童家具能满足儿童的好奇心，能够让孩子在家具的引导下发挥想象力，活跃思维。所以，儿童家具形态设计要根据年龄特点有一定的趣味性，这样可以满足儿童的好奇心，让儿童在使用家具的过程中学到知识与能力，在家具的使用中培养儿童独立思维与实践的能力。

图 3-7　布松纳可加长型儿童床

## 四、经典儿童家具作品分析

### 1. 查尔斯·伊姆斯（Charles Eames）的儿童家具

查尔斯·伊姆斯是第二次世界大战后美国的一位天才设计师，他受过良好的建筑学教育，精通家具设计、平面设计、电影制作和摄影，多才多艺，充满创造力和灵感。1945 年，伊姆斯夫妇结合胶合板与木材模压技术，成功实现了复杂曲面的制造，并且特地为小女儿设计了一款萌萌的小象椅（图 3-8）。当年因为这款椅子的制造技术繁复，仅生产了两把。2009 年为了纪念查尔斯·伊姆斯百年诞辰，以彩色塑料为材料，重新推出了小象椅，其质地轻巧耐用并且稳固安全，同时更适合小朋友在户外嬉戏（图 3-9）。

图 3-8　1945 年设计的小象椅　　　　　　图 3-9　塑料版本的小象椅

### 2. 艾洛·阿尼奥（Eero Aarnio）的儿童家具

艾洛·阿尼奥是芬兰著名设计师，当代最著名的设计师之一。他丰富多彩的事业为人们提供了种类繁多、高质高量的作品。他的设计大都具有浓厚的浪漫主义色彩和强烈的个人风格，宛如来自灵幻的童话世界。他设计的球椅、泡沫椅、香皂椅、番茄椅、小马椅等，成为自 20 世纪 60 年代以来奠定芬兰在国际设计领域领导地位的重要设计作品。

小马椅是由柔韧的聚酯冷凝泡沫包在金属骨架外面构成的，椅子的表面材料是流行的丝绒。这个设计使得产品就如材料一样舒适、有趣（图 3-10）。

艾洛·阿尼奥专为意大利家具制造商 Magis 设计的小狗椅，为中空塑胶材质，圆滑的造型既可爱又安全，可让儿童恣意玩耍，无须担心其受伤。狗狗造型让儿童可以安全地骑在上面，成为儿童最亲密的玩伴，使家中充满温馨的气息（图 3-11）。

图 3-10　小马椅

图 3-11　小狗椅

3. 贾维尔·马里斯卡尔（Javier Mariscal）的儿童家具

贾维尔·马里斯卡尔不仅是一位插画家，也是一位成功的商业设计师、工业设计师与室内设计师。贾维尔·马里斯卡尔的作品不计其数，包括商品设计、字体设计、平面设计、影像动画与产品设计以及雕塑等。

贾维尔·马里斯卡尔在 Magis 也推出过好几款非常受欢迎的儿童家具，包括 Julian 造型椅、Nido 游戏屋、Villa Julia 游戏屋、El Baul 收纳箱、Julian Cat Chair 猫咪儿童椅、Piedras 系列家具等（图 3-12～图 3-14）。

El Baul 是一款造型酷似高尔夫球的收纳箱，长椭圆形的样式，好似孕育重生的蚕茧，由合成塑料制成，小朋友在收纳自己的玩具时，无须担心被弄伤（图 3-15）。

贾维尔·马里斯卡尔 2006 年设计的童话森林儿童椅，可爱精巧的造型带给人更多美丽的幻想。其背板上刻画着攀爬的藤蔓，让整体画面活灵活现。合成塑料材质，让儿童在使用时更加安全。亮丽的色彩搭配，让年轻风格洋溢，也带给室内空间更明亮的活泼感受。同时，他也推出了童话森林儿童方桌，与童话森林儿童椅相搭配（图 3-16、图 3-17）。

图 3-12　Nido 游戏屋

图 3-13　Villa Julia 游戏屋

图 3-14　Julian Cat Chair 猫咪儿童椅

图 3-15　El Baul 收纳箱

图 3-16　童话森林儿童椅　　　　　　　　　　图 3-17　童话森林儿童方桌

### 4. 奥瓦·托伊卡（Oiva Toikka）的儿童家具

奥瓦·托伊卡设计的"市中心"收纳架（图 3-18）的创作灵感来自市中心的高楼，五层式的"高楼"、渐进式的收纳柜格，有助于儿童养成良好的收纳习惯。渡渡鸟儿童椅以知名度仅次于恐龙的绝种动物渡渡鸟为创作灵感，滚圆的外形和活泼的颜色令人印象深刻。环保无毒塑料制成的圆滑无尖角的安全摇椅，深受家长欢迎（图 3-19）。伊甸园衣架色彩斑斓，造型生动有趣，也获得了无数好评（图 3-20）。

图 3-18　"市中心"收纳架　　　　　图 3-19　渡渡鸟儿童椅　　　　　图 3-20　伊甸园衣架

### 5. 斯托克公司的儿童家具

自从 1972 年斯托克公司推出了彼得·奥普斯韦克（Peter Opsvik）的 Tripp Trapp 成长椅后，Tripp Trapp 成长椅已陪伴了上千万儿童的成长（图 3-21）。Tripp Trapp 成长椅的灵感来自设计师的小儿子 Tor，他发现每次 Tor 坐在家中的餐桌前都要努力寻找一个舒适的位置。那时长高了的Tor，坐老式儿童餐椅太小，但坐在成人座椅上，Tor 的双腿悬空，要经一番努力才能够到桌面。Tripp Trapp 成长椅是一款智能型设计作品，能让儿童在任何年龄段都拥有符合人体工程学的舒适体验，陪伴儿童度过成长岁月。

1993 年，斯托克公司推出了由奥普斯韦克设计的儿童椅——斯蒂椅（Sitti）和由沃尔夫冈·雷贲提茨（Wolfgang Rebentisch）设计的儿童摇椅——希波椅（Hippo）。1999 年，斯托克公司推出了一种由格洛恩隆德（Gronlund）和努森（Knudsen）设计的名为"睡椅"（Sleepy）的儿童家具，这种家具可以由一个摇篮变成一张床，变成一组沙发或两把椅子。像获得极大成功的 Tripp Trapp 成

图 3-21　Tripp Trapp 成长椅

长椅一样，这种创新性的设计可以满足儿童成长过程中的不同需要，并且也符合斯托克公司的设计思想——"好的设计就是好的生意"。

### 6. 宜家品牌儿童家具

宜家采用一体化品牌模式，即拥有品牌、设计及销售渠道。在产品品牌上，宜家把公司的 2 万多种产品分为三大系列：宜家办公、家庭储物、儿童宜家。

1997，宜家开始考虑儿童对家居物品的需求，因为市场需求很大，并且这个领域竞争并不激烈。宜家推出的儿童家具造型简单、色彩丰富，深受家长和小朋友的喜欢（图 3-22）。

在宜家展示厅中，设立了儿童游戏区、儿童样板间，在餐厅专门备有儿童食品，所有这些都受到了儿童的喜爱，并让家长满意，使他们更乐意光顾宜家。

图 3-22 宜家品牌儿童家具

## 任务二 系列化儿童家具设计及作品欣赏

### 一、案例解析

我们通常把相互关联的成组、成套的产品称作系列化家具产品。儿童系列化家具设计就是为儿童设计系列化家具产品，如图 3-23 所示。根据我国儿童心理学家的研究成果和长期教育实践经验，儿童群体可分成六个主要阶段，即婴儿期、孩童、学龄前儿童、童年期、少年期和青年初期。

图 3-23 系列化儿童家具

系列家具产品的特点是功能的复合化，即在整体目标下，使若干个产品功能具有如下特性：

（1）整体性。系列家具产品强调风格统一的视觉特征，如材料选用及搭配、结构方式、色彩及涂装效果的统一所体现出的整体感。

（2）关联性。系列家具产品的功能之间有依存关系，如餐桌与餐椅、休闲椅与茶几、床与床头柜之间存在的家具产品功能间的依存关系。

（3）独立性。系列家具产品中的某个功能可独立发挥作用。

（4）组合性。系列家具产品中的不同功能可互相匹配，产生更强的功能。

（5）互换性。系列家具产品中的部分功能可以进行互换，从而产生不同的功能。

## 二、儿童家具色彩设计

儿童在4个月大时会对颜色产生分化反应，2～3岁能分辨基本颜色，4岁开始认识混合色，5岁能分辨更多的混合色。根据实验心理学的研究，儿童随着年龄的变化，不但生理结构会发生变化，色彩所产生的心理影响也会发生变化。儿童大多喜爱极鲜艳的颜色。婴儿喜爱红色和黄色；4～9岁儿童最喜爱红色，女孩尤其喜爱粉色（图3-24），9岁的儿童又喜爱绿色；7～13岁的小学生中男生的色彩爱好依次是绿、红、青、黄、白、黑，女生的色彩爱好依次是绿、红、白、青、黄、黑。随着年龄的增长，儿童的色彩喜好逐渐向复色过渡，向黑色靠近。也就是说，年龄越近成熟，所喜爱的色彩越倾向成熟（图3-25）。

图3-24　粉色系家具

图3-25　高明度色系家具

## 三、儿童家具造型设计

儿童家具设计中常见的造型有三种类别，分别为卡通造型、仿生造型及几何造型。卡通造型是儿童家具中常用的手法，大部分卡通图案都是直接运用卡通形象，不做修改，若想提高艺术追求，可以运用简化的卡通符号、对比变化、数字化等方法设计应用卡通元素。几何造型的儿童家具因其外形简洁大方受到家长和儿童的喜爱，在设计中要避免设计尖角，以防对儿童造成伤害。在儿童家具设计中可以利用儿童喜欢自然形态、小动物等特点设计仿生造型的儿童家具（图3-26）。

图3-26　动物造型凳子

## 四、儿童家具的材质选择

实木的儿童家具色泽天然，纹理清晰，造型朴实大方，线条饱满流畅，材质弹性、透气性和导热性好，且容易保养。儿童家具设计应考虑到使用者的安全，国家要求儿童家具上的尖角都要做成

　　圆角，以确保儿童的安全。松木相比其他木种质地偏软，便于倒圆角，虽在木质上不如黑胡桃、乌金木等硬木，但正是因为软，能有效减少安全隐患，才让它成为制作儿童家具的首选（图3-27）。

　　板式儿童家具是以人造板为基本材料，配以各种贴纸或木纸，经过封边处理，最后喷漆修饰而成的。板式儿童家具造型性强，易于拆装与组合，色彩选择性更强，能充分满足儿童和家长对个性品位的追求和健康化儿童空间的需要（图3-28）。

图 3-27　松木家具　　　　　　　　　　　　图 3-28　板式儿童家具

## 五、系列化儿童家具设计的流程

　　（1）项目调研，即目标群体的细分。儿童家具的商品化特性突出。要想家具产品符合市场需求，就必须在设计前期进行完整细致的市场调研，其主要工作内容是设计及需求调查、资料整理、资料分析，以及产品决策与需求预测等。

　　（2）草图与构思。思维导图是一种将放射性思考具体化的方法，在国外被广泛用于学习、头脑风暴、记忆和各种与思维相关的活动中。在儿童家具产品创新设计中引入思维导图，将给设计师一种全新的思考方式，提高整个产品开发前期的效率（图3-29）。草图设计阶段可以通过绘制大量的草图，开阔设计思路（图3-30）。

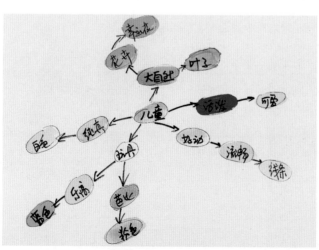
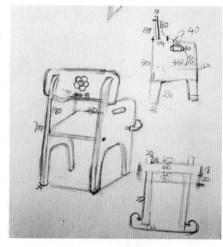

图 3-29　思维导图　　　　　　　　　　　　图 3-30　草图设计

（3）设计表达与深化。在初步设计提炼草图的基础上，把家具的基本造型进一步用更完整的三视图和效果图的形式绘制出来，初步完成家具造型设计（图3-31～图3-34）。

（4）模型制作。设计师往往会在模型制作过程中产生更多的想法。通过模型制作实现设计向生产转化，最终产品的形象和品质感，尤其是家具造型中的微妙曲线、材质肌理的感觉，必须辅以各种立体模型制作手法（图3-35）。

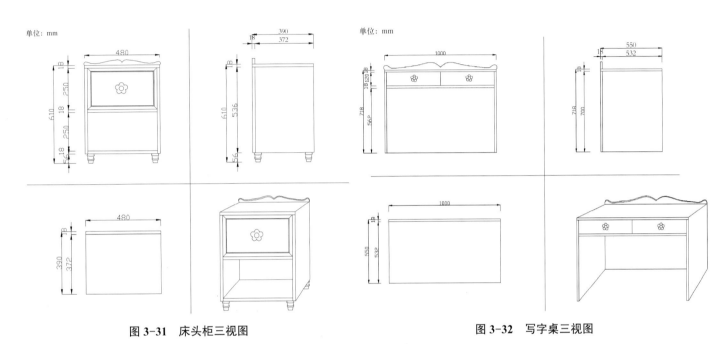

图 3-31　床头柜三视图　　　　　　　　　　　图 3-32　写字桌三视图

图 3-33　幸运花系列化儿童家具设计效果图（学生作品　徐莹莹设计　指导老师李卓）

幸运花系列化儿童
家具设计

松鼠之家系列化儿童家具设计

图 3-34　松鼠之家系列化儿童家具设计（学生作品　徐苓炯设计　指导老师李卓）

图 3-35　模型制作（学生作品　徐莹莹设计　指导老师马俊）

## 六、系列化儿童家具作品欣赏

系列化儿童家具作品欣赏如图 3-36、图 3-37 所示。

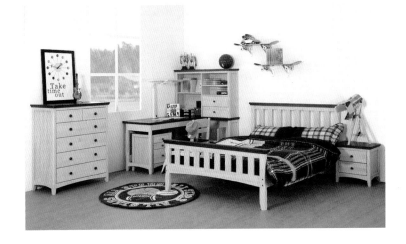

## DESK
组合学习桌

此款学习桌采用美式元素，造型个性、时尚，非常适合成长期的孩子使用。为了契合不同空间户型的需求，此款学习桌可以以不同的形式进行组合，分别是"一"字形和"L"形。主体材料为桦木，此材料更加健康环保。考虑到孩子成长过程中物品的不断积累，设计中预留了大量的储物空间。

## BED
135单人床

床的可选尺寸：120*200、135*200、150*200、180*200（cm），双层子母床 135*200（100*200cm）

单人床采用桦木材料，所有部件都进行了倒圆角的处理，防止孩子在使用的过程中受到伤害。整体造型简约、个性，采用格栅与圆弧点缀，增加了整款家具视觉上的协调性，床脚采用切角设计，增加了整体家具的设计感，非常适合富有个性的孩子使用。

## STORAGE
儿童床头柜

床头柜采用桦木材料，双抽屉型可增加小件物品收纳。边角位置全部倒成圆角，避免孩子在使用过程中受伤。

## STORAGE
2+4六屉柜

六屉柜采用桦木材料，2+4的组合形式增加了小件衣物的收纳空间。全倒圆角处理，更加安全实用。

## CLOTHES
二门衣柜

衣柜采用桦木材料。合理的布局增加了衣柜的收纳空间。下层抽屉方便小件物品收纳。考虑到孩子身高较低的问题此处将抽屉设置在底部，用于存放孩子们常用的日用品。

 LIFE TIME

**图 3-36　Lifetime 系列（大连日新光明家具有限公司 隋庆峰设计）**

图 3-36　Lifetime 系列（大连日新光明家具有限公司 隋庆峰设计）（续）

Lifetime 系列视频
讲解

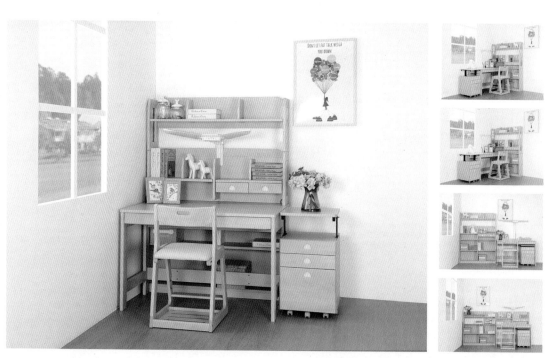

**DESK**

组合学习桌

本款学生桌采用榉木与3mm密度板双贴榉木纸，纹理清晰，木材质地均匀，色调柔和、流畅。具有5种组合方式，并提供了两面双色更换卡片1张。可根据房间大小和格局摆放为基本型、L型或分体型。

图 3-37　甜心系列（大连日新光明家具有限公司 隋庆峰设计）

**BED**

双层子母床

双层子母床主材料为欧洲进口榉木拼板。床铺板条为桐木拼板。其形式为可变的双层床，可将上下床拆分成为两个单人床使用。从而延长家具的使用周期，不再因为孩子长大了就要淘汰儿童家具，极大地延长了儿童家具的使用寿命。

**STORAGE**

2+3五层柜

主体采用欧洲进口榉木。可收纳小件衣物，提供了两面双色更换卡片1张。顶面、屉横为榉木拼板，侧板、中立板和前横，前围板为18mm刨花板双贴榉木纸，背板为3mm密度板双贴榉木纸，屉盒为桐木拼板，屉底为4mm单贴桐木纸。

**CLOTHES**

双门衣柜

上面的配柜可自主选择是否添加，它不仅可以保证增加室内的储物空间，还具有很强的灵活性，可摆放至孩子满意的位置，用于储藏属于孩子们自己的"宝藏"。

说明：衣柜门、屉面为榉木拼板，屉盒为桐木拼板，其他为18mm刨花板双贴榉木纸。衣柜部分采用榉木，木质坚韧耐用。整体采用木本色，用色更加柔和、清新。中间带中立板，分割出更多空间。

图 3-37　甜心系列（大连日新光明家具有限公司 隋庆峰设计）（续）

## 七、系列化儿童家具学生作品欣赏

以下展示的是以"快乐成长"为主题的系列化儿童家具外观造型设计作品，如图 3-38～图 3-44 所示。

图 3-38　学生作品（一）（杨利言设计
指导老师李卓）

图 3-39　学生作品（二）（陈晶设计
指导老师张洪双）

**设计说明:**

这是以海洋世界为主题设计的
儿童家具，家具以蓝色为主，
让孩子在海洋中无限畅游。

家庭是孩子成长的第一任天堂，孩子的健康成长是每一位家
长倍加期望的结果，儿童期的孩子更是需要得到呵护。良好
的休息是孩子精力充沛、茁壮成长的保证。

而儿童家具是孩子人生的第一个依赖的物体。儿童家具不能做
得太死板，也不能有太多棱角，既要保证孩子的安全，又能让
孩子喜欢这个空间。

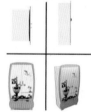
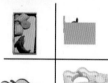
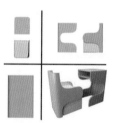

儿童衣柜三视图　　　　儿童床三视图　　　　儿童桌椅三视图

图 3-40　学生作品（三）
（李强设计　指导老师杨金花）

图 3-41　学生作品（四）
（郑皓楠设计　指导老师宋雯）

图 3-42　学生作品（五）（贾凤至设计
指导老师张洪双）

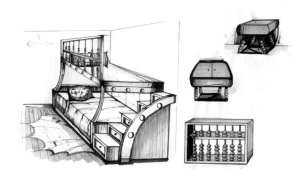

图 3-43　学生作品（六）（孙毓蔓设计
指导老师刘巍）

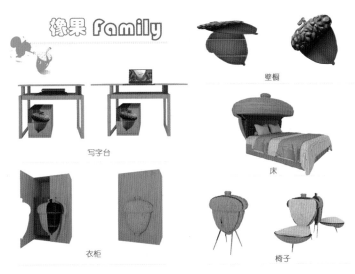

图 3-44　学生作品（七）（朱凡设计　指导老师马俊）

⊙ **实训任务** ⊙

1. 围绕"缤纷童年"的主题设计儿童家具外观造型，要求创意独特，构思精巧，表现新颖，充分考虑儿童家具的特点，从造型的安全性、造型的功能性及成长的可持续利用性等多方面进行考虑，设计出符合儿童特点、符合人体工程学要求的儿童家具。

2. A3 图纸绘制，图面整洁规范，符合国家制图规范，标注材料、尺寸。绘制三视图、效果图，说明家具陈设背景及环境表现设计意图，画面完整，表现手法不限。

3. 设计说明 100 ～ 200 字。

**课后拓展**

家具线稿表现

儿童家具造型设计

工厂实录家具施工
流程与工艺

工厂实录 - 家具设计
案例讲解（样板间）

# 项目四 | 座类家具设计

**知识要点**

座类家具的主要功能与分类；座类家具的尺度；座类家具的创意设计。

**能力目标**

能运用人体工程学原理设计合理的座类家具；能灵活运用设计语言进行座类家具的创新设计。

**素养目标**

培养运用人体工学理论解决实际问题的能力；培养社会责任感；培养工程安全意识；体验中国传统家具文化，感受大国工匠精神。

纵观古今中外家具发展的历史，座类家具所使用的材料丰富，造型形式多样，如果说家具是时代社会生产力的真实写照，那么坐具则是其中的代表。中国传统家具圈椅、官帽椅、交椅等造型简洁大方、线条刚柔并济、纹饰多样适中，体现了中华文化审美观，选材优良、作工精细、结构严谨，是工匠精神的生动展现。

坐具是人们使用频率最高、最广泛的家具类型之一。功能特征良好的坐具让人在使用中感到身体舒适，能得到全面的放松和休息。坐具的设计不仅要考虑形式、耐用、经济等方面的因素，同时还要分析人—家具—环境三者之间的相互关系，根据使用者及室内环境的要求，灵活地应用人体工程学的理论、原则、数据和方法，确定满足人类生理和心理需求的家具功能、尺度、造型、用材及配色等设计要素。

明式家具

## 任务一 沙发设计

沙发是以木质、金属或其他刚性材料为主体框架，表面覆以弹性材料或其他软质材料构成的坐具。沙发是西方家具史上坐卧类家具演变发展的重要家具类型。最早的沙发是 1720 年在法国路易十五的王宫建筑沙龙和卧室中出现的伯吉尔扶椅，其在造型上把扶手挺直向前并横向延伸到同坐面相平的椅子，以弹性坐垫为坐面，通体用华丽的织锦包衬，受到了上层社会人士和贵妇人喜爱，并逐渐变成长椅的造型，迅速地从宫廷走向民间，成为欧洲家庭客厅、起居室的主要坐卧类家具，并普及到世界各个国家。

### 一、案例解析

Finn 系列沙发，设计灵感源于现代家具代表作"酋长椅"，将经典设计元素注入现代工艺与面

料，展现出柔和的气质。该系列沙发包括单人沙发、双人沙发和三人沙发（图 4-1、图 4-2）。Finn
三人沙发，拉扣拉线结合的复古设计，在流畅的整体轮廓下，呈现经久不衰的魅力；扶手、靠背的
连接处，呈现微微延伸的流线型，细节呼应整体，增加了视觉通透力；有弧度的扶手内侧设计，美
观自然，可舒适地侧靠；靠背设计，巧妙结合拉扣与拉线，可分别支撑腰部和背部，力度更饱满，
更加舒适；橡胶木沙发脚造型，前后不一，前脚的拉槽工艺和后脚的加棱工艺，别致、讲究；沙发
底部，距离地面约 12 cm，方便清理打扫。面料含有亚麻成分，手感舒适，厚实耐磨，易打理。

图 4-1　Finn 系列沙发　　　　　　　　　　　　　图 4-2　三人沙发

## 二、沙发的样式分析

　　沙发是现代家居客厅和办公空间接待区、会谈区的主要家具。因为使用沙发的人和场合不同，
所以人们在生理和心理上对沙发的功能、尺度、体量、形态、色彩等设计要素的要求也各不相同。
伴随着人们审美需求的提高与科学技术的发展，沙发也必须与时俱进，满足人们的生理、心理和审
美的需求。沙发的设计趋向个性化、多样化、时装消费化、趣味化以及环保化。

　　沙发按产品的包覆材料可分为皮革沙发、布艺沙发、布革沙发；按产品使用功能可分为普通沙
发和多功能沙发；按照尺寸可分为单人沙发、双人沙发、三人沙发、长沙发等。沙发已成为家庭必
备的家具之一（图 4-3、图 4-4）。

图 4-3　单人沙发　　　　　图 4-4　沙发两用床

单体沙发设计及制作过程

## 三、沙发的基本功能要求与尺度

　　沙发的功能设计要充分考虑使用者的需求特点。以家居沙发为例，坐感松软，靠背支撑到头
部，可以在多种坐卧姿态下使用的沙发适用于热爱休闲和自由生活方式的中青年，尤其是男士；老

年人身体衰弱，行动迟钝，调整坐姿不方便，因此老年人使用的沙发，其坐面和靠背都不宜过软，座面倾斜角度不能过大，座高稍低并需设置高度适宜的扶手（表 4-1）。

表 4-1 沙发的尺度 mm

| 家具 | 长度 | 高度 | 深度 |
|---|---|---|---|
| 单人沙发 | 800~950 | 350~420（坐垫）、700~900（背高） | 850~900 |
| 双人沙发 | 1 260~1 500 | 350~420（坐垫）、700~900（背高） | 800~900 |
| 三人沙发 | 1 750~1 960 | 350~420（坐垫）、700~900（背高） | 800~900 |
| 四人沙发 | 2 320~2 520 | 350~420（坐垫）、700~900（背高） | 800~900 |
| 沙发扶手 | 560~600 | | |

## 四、沙发的创意设计

### 1. 芬恩·尤尔（Finn Juhl）的设计

丹麦设计师芬恩·尤尔设计的家具受到原始艺术和抽象有机现代雕塑的强烈影响，作品被称为"优雅的艺术创造"（图 4-5）。芬恩·尤尔设计的鹈鹕椅（图 4-6），源于鹈鹕嘴的形态。鹈鹕有个漏斗一样的大嘴，吃鱼的时候就用这个大嘴在水里捞，捞到的鱼暂时放在"漏斗"里，把水挤出去，再吃鱼。鹈鹕的这个大嘴成了形式象征，芬恩·尤尔以这个鹈鹕嘴为动机，设计了一张两个扶手都像鹈鹕嘴的扶手椅。

图 4-5 诗人沙发  图 4-6 鹈鹕椅

### 2. 盖塔诺·派西（Gaetano Pesce）的设计

盖塔诺·派西是意大利设计师中极具天赋的一位。他有多学科的工作背景，包括工艺制作和艺术表现，他的出版物和展览一直是人们关注的焦点和谈论的话题。他的很多作品被法国、芬兰、意大利、葡萄牙、英国和美国等国家的博物馆永久收藏。在 20 世纪 80 年代的意大利设计界，出色的才华使他成为意大利最不寻常的设计师和艺术家之一。派西完全打破了设计与纯艺术的界限，他把家具制作得像雕塑，并利用纯艺术的创作手法和意境来进行设计艺术的创意，使作品带有别样的艺术趣味（图 4-7 ~ 图 4-9）。1993 年，他获得了非常有影响力的克莱斯勒的创新和设计奖。派西的作品彰显其情感、触觉品质、奔放的色彩，他坚持开发建筑材料、创新技术，被知名建筑评论家赫伯特·马斯卡姆（Herbert Muschamp）称为"建筑的脑力风暴"。当然，由于其创新的精神和特立独行的风格，他的作品常常引起争议和骚动。

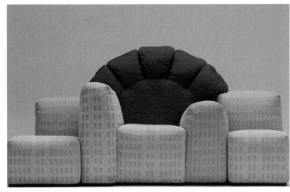

图 4-7　"纽约日暮"沙发

图 4-8　"山岳"沙发

图 4-9　Giullare 沙发

### 3. 罗恩·阿诺德（Ron Arad）的设计

Misfits 是"错配"的意思，这个系列的沙发可以自由组合，每一款的"洞"在不同的位置，形状也不同，可以自由混搭，由"错配"变成独一无二的组合（图 4-10）。Misfits 是一个由很多不同部分组成的模块化沙发。每一个部分如同浇铸而成的雕塑，把玩空间、体积和固体之间的关系。蜿蜒的曲线如流水般顺滑，营造出波涛起伏的动态氛围，给予使用者最大的舒适体验。整个沙发组合就像一个个大型的棉块，可以独立放置，无须额外支撑，提供了无限的空间组合方案。

罗恩·阿诺德在 2015 年设计的 Gilder 沙发是一体塑成的产品。Gilder 沙发独特的设计使得生产制作技术难度大于传统沙发（靠背、扶手和座位全部为无缝连接）。Gilder 沙发外在轮廓都为柔和的曲线，底座也为圆弧形，所以 Gilder 沙发也是一款"摇椅"沙发。Gilder 沙发采用渐变的颜色增强了视觉效果（图 4-11）。

Do-lo-rez 沙发的基本模块的设计灵感来自像素（图像中的一个最小单位），它是这个设计项目的出发点。一系列高低不同的柔软矩形方块可以任意拼成不同的形状组合，它用一种开放式的、创造性的方式接触艺术世界（图 4-12）。

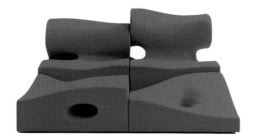

图 4-10　Misfits 系列沙发

图 4-11　Gilder 沙发

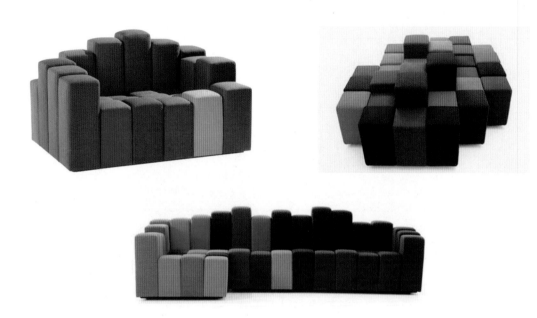

图 4-12　Do-lo-rez 沙发

### 4. 肯尼斯·科托努（Kenneth Cobonpue）的设计

肯尼斯·科托努设计的"卡巴莱"系列家具（Cabaret，源于欧洲的一种歌剧），包括沙发、座椅和桌子等（图 4-13）。这些家具看上去像是用绳子编织而成的，简洁，质朴，优雅。

图 4-13　"卡巴莱"系列家具

肯尼斯·科托努设计了一个题为"长发姑娘"的原创家具系列，这个系列具有俏皮和优雅的外观（图4-14）。长发公主椅子和脚垫使用耐用的钢架，并覆盖着厚厚的软垫手盘绕泡沫。

图 4-14　"长发姑娘"系列家具

肯尼斯·科托努运用东南亚常见的竹藤与编织手法，创作出有着浓厚传统气息的现代藤编作品。肯尼斯·科托努开发新工艺并融入西方现代设计理念，把传统竹藤麻编织设计融入现代生活，创作出的作品具有轻盈与透视之感（图4-15）。

图 4-15　藤编家具

下面我们来看一下比较有创意的沙发，它们形态各异，每一款沙发都彰显设计师独特的个性（图4-16～图4-22）。

图 4-16　妮帕·多希（Nipa Doshi）和乔纳森·莱维恩（Jonathan Levien）
设计的"我的美丽靠背"沙发

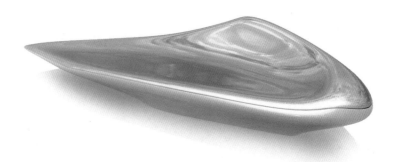

图 4-17 扎哈・哈迪德（Zaha Hadid）设计的"勺子"沙发

心跳沙发椅

图 4-18 卡里姆・拉希德（Karim Rashid）设计的《心跳》（*Heartbeat*）沙发椅

图 4-19 迪特・迈加尔德（Ditte Maigaard）设计的"人格分裂"沙发

图 4-20　尤利·伯杰（Ueli Berger）设计的 DS-600 沙发

图 4-21　埃马努埃莱·马吉尼（Emanuele Magini）设计的多用途概念创意沙发

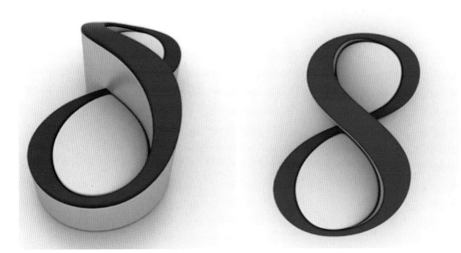

图 4-22　伊曼纽尔·拉芬·德·马齐耶（Emmanuel Laffon de Mazieres）设计的无限形沙发

沙发创意与设计

沙发设计思维表现

◈ **实训任务** ◈

1. 收集家具大师经典座类作品并做详细分析。

2. 绘制沙发草图

（1）设计思维表现，草图要表现出设计的录感来源，如何变体，形成最终的设计。

（2）草图数量5个，每个草图都要配有灵感来源——变体——最终效果——设计说明。

3. 设计双人沙发，充分考虑人体工程学的要求，满足"舒适性、功能性、安全性"的基本原则。

4. A3图纸绘制，图面整洁规范，符合国家制图规范，标注材料、尺寸。绘制三视图、效果图，说明家具陈设背景及环境表现设计意图，画面完整，表现手法不限。

5. 设计说明100～200字。

## 任务二　办公椅设计

## 一、案例解析

在现代社会人们愈发忙碌，在工作环境中常常需要从个人工作状态马上转变为团队合作状态。工作方式的灵活多变对工作工具也提出相应的需求。为应对这种需求，Studio 7.5 的设计师着手设计了一款高性能座椅，能为处于连续运动状态的员工提供支持。椅随人动，Mirra 2 办公椅带给用户人椅合一的自如体验（图4-23）。就座后，椅座和椅背立即调节适应个人的身体。动态表面使 Mirra 2 办公椅对用户身体最轻微的移动也会产生敏锐的反应，并做出简单、直观的调节，实现身体与座椅的完美贴合。

**图 4-23　米勒公司的 Mirra 2 办公椅设计**

Mirra 2 办公椅采用反应灵敏的板簧设计，无论使用者的身高和体型（41~159 kg）如何，在变换姿势时，均会带给使用者平衡顺畅的感觉（图 4-24）。

要支撑就座状态下的移动，首先要有能够让使用者的身体自由和自然移动的灵活且具有支撑性的设计。Mirra 2 办公椅的环状靠背能够提供扭力弯曲，让使用者可以横向伸展身体，便能够让使用者在后仰时感到顺畅和平衡。

Mirra 2 办公椅和凳子具有两种靠背选项，从而可以适应多样化的人群和应用场合。反应超灵敏的 Butterfly Back 蝴蝶形靠背是一种动态混合结构，相当于一个悬架支撑薄膜。

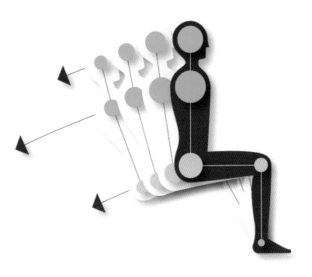

图 4-24　板簧设计

TriFlex 靠背不含织物层，能满足严格的清洁要求。Mirra 2 TriFlex 靠背的尺寸、外形和开孔图案创造出能支持人体就座时的健康移动的支撑区域。 Butterfly Back 蝴蝶形靠背透气性好，同时反应灵敏准确，能在使用者移动时提供动态支撑（图 4-25）。

两种靠背都很透气，能够让使用者感觉凉爽，且两种靠背都能让使用者的脊椎在就座时保持自然健康的曲线。

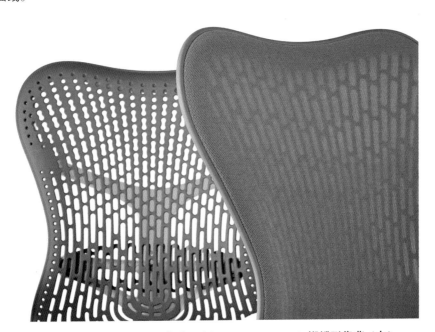

图 4-25　**Mirra TriFlex 靠背（左），Butterfly Back 蝴蝶形靠背（右）**

## 二、椅凳类家具的样式分析

在家具史上，椅凳的演变与建筑技术的发展同步，并且反映了社会需求与生活方式的变化，甚至可以说是浓缩了家具设计的历史。椅凳类家具包括马扎凳、长条凳、板凳、墩凳、靠背椅、扶手椅、躺椅、折叠椅、圈椅等（图 4-26 ~ 图 4-31）。

图 4-26　冯乙设计的高山流水长椅

图 4-27　折叠椅

图 4-28　扶手椅

图 4-29　靠背椅

图 4-30　摇椅

图 4-31　墩凳

办公椅的种类及特点如下：

1. 按材料分类

（1）实木（全木）办公椅。家具的主体全部由木材制成，只少量配用一些胶合板等辅料，实木家具一般都为榫眼结构，即固定结构。

（2）人造板办公椅（也称板式办公椅）。家具的主体部件全部经表面装饰的人造板材、胶合板、刨花板、细木工板、中密度纤维板等制成，也有少数产品的下脚用实木的。

（3）弯曲木办公椅。其零部件是用木单板经胶合模压弯曲而成，产品线条流畅多变，造型美观，坐卧时舒适富有弹性（图 4-32）。

（4）皮质办公椅。皮质办公椅的外皮使用天然动物皮革（图4-33）。

（5）金属办公椅。以钢管等金属为主体，并配以钢板等金属或人造板等辅助材料制成的家具。

图4-32　弯曲木办公椅

图4-33　皮质办公椅

## 2. 按调节方式分类

（1）Ⅰ型办公椅：椅座和椅背角度均可调节的办公椅（图4-34）。

（2）Ⅱ型办公椅：只有椅背角度可调节的办公椅（图4-35）。

（3）Ⅲ型办公椅：椅背、座面和扶手的相对位置、角度均不可调节的办公椅（图4-36）。

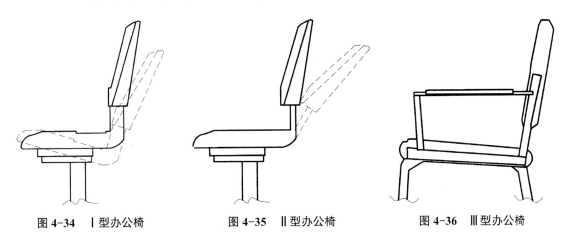

图4-34　Ⅰ型办公椅　　　　　图4-35　Ⅱ型办公椅　　　　　图4-36　Ⅲ型办公椅

## 三、椅凳类家具的基本功能要求与尺度

椅凳类家具的使用范围非常广泛，以休息和工作两种用途为主，因此在设计时要根据不同用途进行相应的设计。

### 1. 休息类椅凳的功能要求

对于休息类椅凳的设计要根据不同的需要做出相应的调整，如在公共场所使用，更多的是要考虑短暂休息使用；如在家庭中使用，除了要考虑休息外，更多的是要考虑使用的舒适程度。休息类椅凳的设计重点，还要考虑椅凳的合理结构、造型以及座板的软硬程度。

### 2. 工作类椅凳的功能要求

对于工作类椅凳的设计要根据不同的需要做出相应的调整，如短时间工作使用，更多的是要考虑造型和软硬舒适程度；如长时间工作使用，除了要考虑座板的软硬舒适程度外，还要考虑靠背形状和角度，要使工作者保持旺盛的工作精力。

3. 椅类尺寸

（1）办公椅尺寸，如表 4-2 所示。

表 4-2　办公椅尺寸

| 参数名称 | 男 | 女 | 参数名称 | 男 | 女 |
|---|---|---|---|---|---|
| 座高 /mm | 410~430 | 390~410 | 靠背高度 /mm | 410~420 | 390~400 |
| 座深 /mm | 400~420 | 380~400 | 靠背宽度 /mm | 400~420 | 400~420 |
| 座面前宽 /mm | 400~420 | 400~420 | 座面后宽 /mm | 300~400 | 380~400 |
| 靠背倾斜度 | 98°~102° | 98°~102° | | | |

（2）扶手椅尺寸，如表 4-3、图 4-37 所示。

表 4-3　扶手椅尺寸

| 扶手内宽 $B_2$/mm | 座深 $T_1$/mm | 扶手高 $H_2$/mm | 背长 $L_2$/mm | 座倾角 $\alpha$ | 背倾角 $\beta$ |
|---|---|---|---|---|---|
| ≥ 480 | 400~480 | 200~250 | ≥ 350 | 1°~4° | 95°~100° |

注：当有特殊要求或合同要求时，各类尺寸由供需双方在合同中明示，不受此限。

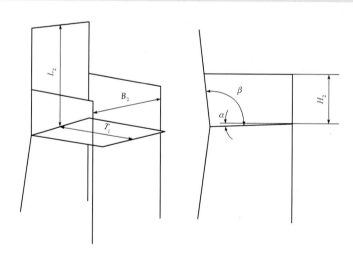

图 4-37　扶手椅尺寸示意图

（3）靠背椅尺寸，如表 4-4、图 4-38 所示。

表 4-4　靠背椅尺寸

| 座前宽 $B_3$/mm | 座深 $T_1$/mm | 背长①$L_2$/mm | 座倾角 $\alpha$ | 背倾角 $\beta$ |
|---|---|---|---|---|
| ≥ 400 | 340~460 | ≥ 350 | 1°~4° | 95°~100° |

注：当有特殊要求或合同要求时，各类尺寸由供需双方在合同中明示，不受此限。
①装饰用靠背不受此限制，并应在使用说明中明示。

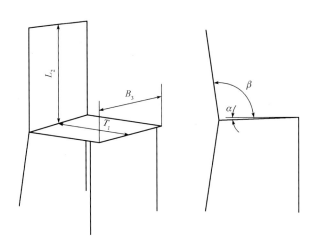

**图 4-38　靠背椅尺寸示意图**

（4）折叠椅尺寸，如表 4-5 和图 4-39 所示。

**表 4-5　折叠椅尺寸**

| 座前宽 $B_3$/mm | 座深 $T_1$/mm | 背长 $L_2$/mm | 座倾角 $\alpha$ | 背倾角 $\beta$ |
|---|---|---|---|---|
| 340~420 | 340~440 | ≥ 350 | 3°~5° | 100° |
| 注：当有特殊要求或合同要求时，各类尺寸由供需双方在合同中明示，不受此限。 | | | | |

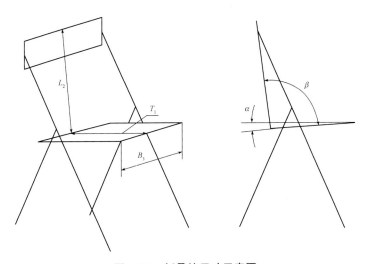

**图 4-39　折叠椅尺寸示意图**

### 4. 凳类尺寸

（1）长方凳尺寸，如表 4-6、图 4-40 所示。

**表 4-6　长方凳尺寸**　　　　　　　　　　　　　　　　　mm

| 凳面宽 $B_1$ | 凳面深 $T_1$ |
|---|---|
| ≥ 320 | ≥ 240 |
| 注：当有特殊要求或合同要求时，各类尺寸由供需双方在合同中明示，不受此限。 | |

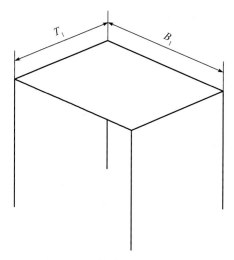

**图 4-40　长方凳尺寸示意图**

（2）方凳、圆凳尺寸，如表 4-7、图 4-41、图 4-42 所示。

**表 4-7　方凳、圆凳尺寸**

| 项目 | 凳面宽（或凳面直径）$B_1$（或 $D_1$） |
| --- | --- |
| 尺寸 /mm | ≥ 300 |

注：当有特殊要求或合同要求时，各类尺寸由供需双方在合同中明示，不受此限。

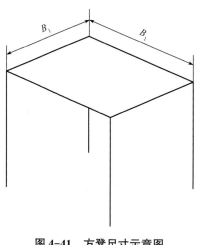

**图 4-41　方凳尺寸示意图**

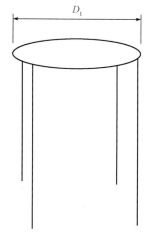

**图 4-42　圆凳尺寸示意图**

## 四、办公椅的创意设计

乔治·尼尔森（George Nelson）在 1953 年指出："所有真正的原创思想，所有的设计创新，所有新材料的应用，所有家具的技术革新都可以从重要的典型椅子中发现。"在当代，没有任何一个领域在人体工程学的应用发展和进步方面能超过椅子，在现代办公座椅的设计与制造方面，特别是在先进技术的研究与应用方面，当代的设计师创造了许多符合人体工程学、美观、舒适又能提高工作效率的办公座椅。

　　约里奥·库卡波罗（Yrjö Kukkapuro）是芬兰现代著名的设计大师。他是第一位将人体工程学引入椅子设计的设计师。他设计的作品简洁、质朴、高雅、架构暴露，充分体现了北欧简约的风格。他将生态学、人体工程学、美学列为椅子设计要素，希望设计的产品能够可靠、耐用、舒适、环保。1964 年他利用塑料成型技术设计了卡路赛利椅（Karuselli）。1978 年他又设计了费西奥椅（Fysio Chair），使以人体工程学为设计基础的办公座椅成为一种趋势。他认为"座椅也应当尽量如人体一样柔美，应该是人体的反射镜"。库卡波罗曾获众多的国际、国内设计大奖，并开创了广泛使用钢、胶合板及合成塑料的新型现代设计（图 4-43、图 4-44）。

图 4-43　约里奥·库卡波罗设计的家具作品

图 4-44　约里奥·库卡波罗作品展示

　　赫曼米勒（Herman Miller）公司推出的 Embody 椅得到了人体工程学办公椅胜利奖，它是唯一一个采用薄膜制作的座椅（图 4-45）。这样的非凡材料具有良好的通风散热功能，能使体重均匀分配，完全释放脊椎压力。

图 4-45　Embody 办公椅

LS 办公椅是一款现代优雅的办公转椅。创新性的头枕设计增加了舒适性，当使用者倾斜时，它会向前倾斜，从而支撑使用者的颈部和头部。这也便于使用者更容易地使用移动设备。LS 办公椅的独特设计反映了高水平的工艺。良好的人体工程学特性也令人印象深刻（图 4-46）。

Cosm 办公椅由来自柏林 Studio 7.5 工作室的设计师为赫曼米勒（Herman Miller）公司亲力打造，它是一部个性化的巅峰之作。

Cosm 办公椅的自动倾仰技术和拦截式悬架支撑可让椅子即刻根据就座者的体型和身姿进行自动调节，无须转动拨盘或拉动杠杆即可消除人体与椅背的间隙，提供有力的支撑；为了提供尽可能多的舒适与便利，设计师设计了叶片式扶手，其特色是采用柔软但坚固的摇篮设计，为手肘提供宽敞惬意的休憩之所。这种悬吊式的设计便于使用者舒适自然地拿手机或书本，扶手的角度意味着使用者休息后开始工作时，扶手不会与办公桌碰撞。Cosm 办公椅具有雕塑般的整体外观，还具有冰川蓝、夜暮蓝、工作室白、碳灰色、峡谷红五种颜色以供选择，使这把办公椅子可以很容易地适应各种环境（图 4-47）。

图 4-46　LS 办公椅

**图 4-47　Cosm 办公椅**

## ◎ 实训任务 ◎

1. 收集家具大师经典作品并做详细分析。

2. 考察办公空间，并对空间环境进行分析，进行办公座椅设计。

3. 要求有鲜明的主题来源和明确的定位，充分考虑人体工程学的要求，符合"舒适性、功能性、安全性"的基本原则。

4. A3 图纸绘制，图面整洁规范，符合国家制图规范，标注材料、尺寸。绘制三视图、效果图，说明家具陈设背景及环境表现设计意图，画面完整，表现手法不限。

5. 设计说明 100 ～ 200 字。

## ● 课后拓展 ......................................................◎

凳类创意与设计　　　椅类创意与设计　　　3D 沙发制作

# 项目五 | 桌类家具设计

**知识要点**

桌类家具的主要功能与分类；桌类家具的尺度；桌类家具的创意设计。

**能力目标**

能运用人体工程学原理，设计合理的桌类家具；能灵活运用设计语言进行桌类家具的创新设计。

**素养目标**

培养运用人体工学理论解决实际问题的能力；体验中国传统家具文化，感受大国工匠精神；培养工程安全意识。

桌子作为最普通的日常用具在人们的生活空间中无处不在，它是为了适应人们起居方式的改变而出现的高形家具，并且要和椅子或凳子配套使用。唐以前没有桌子，因为人们席地而坐的生活方式不需要桌子，使用的是低矮的几和案。桌子的起源一般认为是在唐代，唐代虽无"桌"名，但在传世的唐代名画中能看到桌子的使用情况，如唐代《宫乐图》中画有一长方桌，唐代卢楞枷所画的《六尊者像》中也有带束腰的桌案。"桌子"之名，始于宋代。南宋沙门济川所作的《五灯会元·张九成传》中"公推翻桌子"便是证明。宋代桌子已出现束腰、马蹄、蹼足、云头足、莲花托等装饰手法，结构上使用了夹头榫牙板、牙头、罗锅枨、矮老、霸王枨、托泥等结构部件。明清时期，因居室建筑的发展，出现了式样更多、用途不同的桌子。不过明代桌子的普及率低于案，一些名为"桌"的家具其实是"案"，如酒桌。清代桌子的普及率超过案，带多个抽屉的书桌逐渐多起来，晚清时受西洋家具的影响，已具有现代书桌的形制。

随着时代的发展，桌子的设计也在最大限度地发挥其功能并成为生活空间的有机组成部分。

## 任务一 ● 写字桌设计

### 一、案例解析

丹麦设计师弗雷德里克·亚历山大·维尔纳（Frederik Alexander Werner）设计的这款桌子（图5-1）是为了个人办公使用，在可以滑动的桌板下面，有一个抽屉、文件隔间和可移动式盒子。文件隔间还置了纸张存放处与工具存放处，一些零碎的小物件则可以放在可移动式盒子里，既方便寻找，还不易丢失。桌子采用了坚固的丹麦白蜡木，表面覆以用纳米技术制作的层压板，配合黑色粉末涂层钢框架，既保证了桌子的美观，又很坚固耐用。桌子整体很小巧，适合在小型办公区域或小型住所中使用。

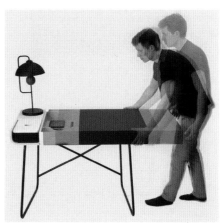

图 5-1　Meet My Desk

## 二、桌类家具的样式分析

### 1. 按构成分类

桌类家具按构成可分为单体式、组合式、折叠式和重合式。

（1）单体式。单体式桌子是使用功能完整的单件家具（图 5-2）。

图 5-2　单体式桌子

（2）组合式。组合式桌子由两个或两个以上部件或单体组合而成（图 5-3、图 5-4）

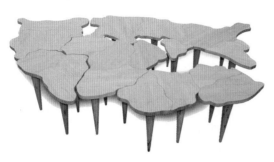

图 5-3　组合式桌子

图 5-4　组合式桌子

（3）折叠式。可折叠的工作桌如图 5-5 所示。

图 5-5　Zelos Weiss 可折叠工作桌

（4）重合式。可叠落的桌子如图 5-6 所示。

图 5-6　可叠落的桌子

## 2．按种类分类

桌类家具按种类可分为写字桌（办公桌）、餐桌、梳妆台、会议桌和边桌。

（1）写字桌（办公桌）的设计以人体工程学为依据，使其满足人的活动要求。为了便于书写与阅览，桌面可以设计成斜面。在构造设计上，除固定形式外，也可以采取部件组合，由金属支架与木制部件组装而成（图 5-7、图 5-8）。

图 5-7　写字桌（一）

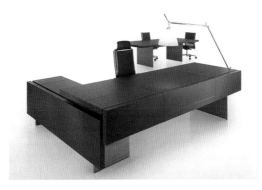

疫情下的办公家具设计

图 5-8　写字桌（二）

（2）餐桌桌面的形状多为圆形、方形和椭圆形。餐桌的基本类型有单体式、固定式和组合式（图 5-9、图 5-10）。

图 5-9　餐桌（一）

图 5-10　餐桌（二）

（3）梳妆台是供人们整理仪容、梳妆打扮使用的台桌家具。梳妆台的设计可分为四种类型：桌式、柜式、台式和悬挂式（图 5-11、图 5-12）。

图 5-11　梳妆台（一）

图 5-12　梳妆台（二）

（4）会议桌体积庞大，通常是所有办公家具中最昂贵的。在用料上，其他家具所用的材料都可以单一或混合使用在办公桌的制作中。在尺寸上，制造商提供的常规尺寸若不能满足空间或者使用要求，最好采用定制的方式，由设计师提供图纸，再由制造商在车间完成制作（图 5-13）。

图 5-13　会议桌

（5）边桌是家庭专门用来摆放一些小物件的小桌子，如果将它的功能发挥得恰到好处，可以避免空间的杂乱无章（图 5-14、图 5-15）。

图 5-14　边桌（一）

图 5-15　边桌（二）

## 三、桌类家具的基本功能要求与尺度

### 1. 坐式用桌的基本功能要求与尺度

（1）桌面高度。桌子的高度与人体动作时肌体的形状及疲劳有密切的关系。经实验测试，过高的桌子容易造成脊椎侧弯和眼睛近视。桌子过高还会引起耸肩、肘低于桌面等不正确姿势，以致肌肉紧张、疲劳。桌子过低也会使人体脊椎弯曲扩大，造成驼背、腹部受压，妨碍呼吸和血液循环，造成背肌的紧张收缩等，也易引起疲劳。因此，正确的桌高应该与椅面高保持一定的尺度配合关系，即桌面与椅面的高差在 250 ~ 320 mm，桌面高度在 680 ~ 760 mm。

根据人体的不同情况，椅面与桌面的高差值可有适当的变化。如在桌面上书写时，高差 =1/3 坐姿上身高 -（20 ~ 30）mm，学校中的课桌与椅的高差 =1/3 坐姿上身高 -10 mm。

桌面高可分为 700 mm、720 mm、740 mm、760 mm 等规格。在实际应用时，可根据不同的使用特点酌情增减。如设计中餐桌时，考虑到中餐进餐的方式，餐桌可高一点；如设计西餐桌，要考虑西餐使用刀叉的便捷性，要将餐桌高度降低一点。

（2）桌面尺寸。桌面的宽度和深度应以入座时手可达到的水平工作范围以及桌面可能放置的物品的类型为基本依据。如果是多功能的或工作时需配备其他物品时，还要在桌面上增添附加装置。

阅览桌、课桌的桌面最好有约 15° 的倾斜，这样能使人获得舒适的视域和保持身体正确的姿势。但在倾斜的桌面上，除了放置书本外，不宜放置其他物品。

**2. 立式用桌的基本功能要求与尺度**

立式用桌主要是指售货柜台、营业柜台、讲台、服务台及各种工作台等。站立时使用的台桌高度是根据人体站立姿势的屈臂自然垂下的肘高来确定的。按照我国人体的平均身高，立式用桌高度以 910～965mm 为宜。若需要用力工作的操作台，其台面可以稍降低 20～50mm。

立式用桌的桌面尺寸主要是依桌面放置物品的状况及室内空间和布置形式而定，没有统一的规定，根据不同的使用功能做专门设计。

立式用桌的下部不需要留出容膝空间，因此桌的下部通常可做贮藏柜用，但立式用桌的底部需要设置容足空间，以利于人体靠紧桌子。这个容足空间是内凹的，高度为 80mm，深度在50～100mm。

**3. 桌类家具尺寸**

（1）双柜桌尺寸。双柜桌的两侧柜体可以是连体或组合体（表 5-1、图 5-16）。

表 5-1　双柜桌尺寸　　　　　　　　　　　　　　　　　　　mm

| 桌面宽 $B$ | 桌面深 $T$ | 中间净空高 $H_3$ | 中间净空宽 $B_4$ | 侧柜或抽屉内宽 $B_5$ |
|---|---|---|---|---|
| 1 200~2 400 | 600~1 200 | ≥ 580 | ≥ 520 | ≥ 230 |

注：当有特殊要求或合同要求时，各类尺寸由供需双方在合同中明示，不受此限。

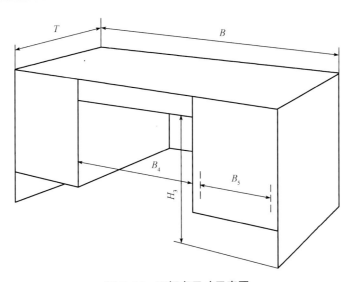

图 5-16　双柜桌尺寸示意图

（2）单柜桌尺寸。单柜桌的侧柜体可以是连体或组合式（表 5-2、图 5-17）。

表 5-2　单柜桌尺寸　　　　　　　　　　　　　　　　　　　mm

| 桌面宽 $B$ | 桌面深 $T$ | 中间净空高 $H_3$ | 中间净空宽 $B_4$ | 侧柜抽屉内宽 $B_5$ |
|---|---|---|---|---|
| 900~1 500 | 500~750 | ≥ 580 | ≥ 520 | ≥ 230 |

注：当有特殊要求或合同要求时，各类尺寸由供需双方在合同中明示，不受此限。

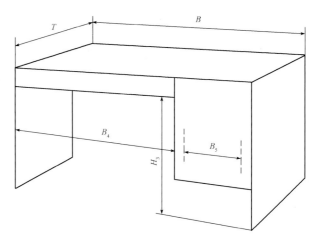

**图 5-17　单柜桌尺寸示意图**

（3）梳妆台尺寸。如表 5-3 和图 5-18 所示。

**表 5-3　梳妆台尺寸**　　　　　　　　　　　　　　　　　　　　　　　mm

| 台面高 $H$ | 中间净空高 $H_3$ | 中间净空宽 $B_4$ | 镜子上沿离地面高 $H_6$ | 镜子下沿离地面高 $H_5$ |
|---|---|---|---|---|
| ≤ 740 | ≥ 580 | ≥ 500 | ≥ 1 600 | ≤ 1 000 |
| 注：当有特殊要求或合同要求时，各类尺寸由供需双方在合同中明示，不受此限。 | | | | |

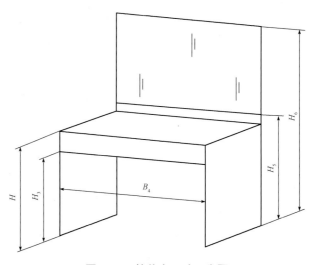

**图 5-18　梳妆台尺寸示意图**

（4）单层桌尺寸。单层桌尺寸包括长方桌、方桌和圆桌尺寸。

长方桌尺寸如表 5-4 和图 5-19 所示。

**表 5-4　长方桌尺寸**　　　　　　　　　　　　　　　　　　　　　　　mm

| 桌面宽 $B$ | 桌面深 $T$ | 中间净空高 $H_3$ |
|---|---|---|
| ≥ 600 | ≥ 400 | ≥ 580 |
| 注：当有特殊要求或合同要求时，各类尺寸由供需双方在合同中明示，不受此限。 | | |

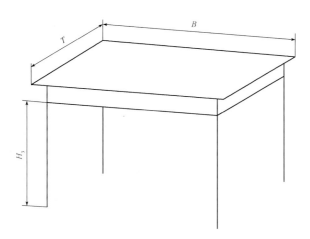

图 5-19 长方桌尺寸示意图

方桌、圆桌尺寸如表 5-5、图 5-20 和图 5-21 所示。

表 5-5 方桌、圆桌尺寸 mm

| 桌面宽（或桌面直径）$B$（或 $D$） | 中间净空高 $H_3$ |
| --- | --- |
| ≥ 600 | ≥ 580 |

注：当有特殊要求或合同要求时，各类尺寸由供需双方在合同中明示，不受此限。

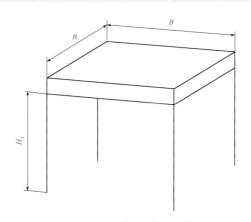

图 5-20 方桌尺寸示意图

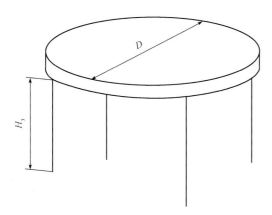

图 5-21 圆桌尺寸示意图

## 四、写字桌的创意设计

　　法国家具设计师弗朗索瓦·德拉萨特（Francois Dransart）设计的超模块化收纳写字桌，试图用各种极为周到的细节，来满足整洁强迫症患者们各种极端的需求，而最终的效果相当令人满意，无论是各种电线还是笔、文档之类的办公用品，几乎都能找到一个合适的位置收纳，从而让台面上清爽无比（图 5-22）。

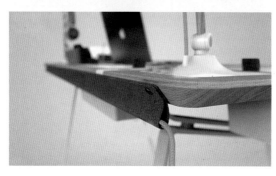

**图 5-22　弗朗索瓦·德拉萨特设计的写字桌**

　　荷兰建筑设计师阿加塔和阿雷克·塞里丁（Agata & Arek Seredyn）夫妇为荷兰 Rafa-kids 设计的一款 K 形桌子，极致简约的外形给人以舒适的视觉体验（图 5-23）。

　　K 形桌可以在两种不同的状态下使用，一种是在关闭状态使用，另一种是将桌面盖子掀开后使用：盖子背面可以粘贴图画、照片、备忘录，而存储柜则可以存放笔记本、iPad、文具等用品。从侧面看，桌子就是一个大写的 K。桌子上设计了一个盖子，这个盖子创造了更多的可能性，当它扣上时儿童们可以将自己的小秘密、小宝贝隐藏起来，当它打开时，就是一个绘画作品的展示板。

　　K 形桌在设计上十分安全，选用了芬兰桦木胶合板和木材作为主要材料。盖子开合处选用铰链，可以保护孩子的手指，更减少了噪声。外表没有可见的螺丝，同样起到保护作用。另外，黑、白、原木色三种颜色可以根据孩子们的喜好来选择。

**图 5-23  K 形桌**

皮耶兰德雷事务所（Pierandrei Associati）设计的 Beta Workplace System 的绿色概念办公家具组合获得了德国红点设计大奖，设计师在色彩上采用了清爽的绿色和干净的白色相搭配，在结构布局上使得整个办公系统更加开放，并且可以让办公人员在不同的阶段进行自由的组合，换换视觉感受。一个良好的办公环境肯定是可以提高工作效率的，该组合以绿色植物的枝叶为概念造型，结合先进的技术与可再生的材质，全力打造出适合办公的环境。整个组合主要由台面、支架以及配件构成，目的是产生出最大的空间以及给人们带来最好的享受（图 5-24）。

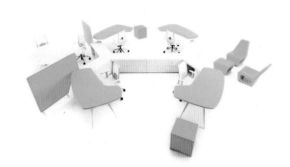

**图 5-24　绿色概念办公家具组合**

◎ **实训任务** ◎

　　1. 收集具有创新、美感的写字桌并分析其创意、材质、色彩等。

　　2. 考察家具市场，测量并记录写字桌尺寸，进行写字桌设计。

　　3. 尺寸设计合理，遵循创新性、安全性、舒适性的基本原则。

　　4. A3 图纸绘制，图面整洁规范，符合国家制图规范，尺寸标注规范，标注材料、工艺。绘制三视图、效果图，说明家具陈设背景及环境表现设计意图，画面完整，表现手法不限。

　　5. 设计说明 100～200 字。

## 任务二　茶几设计

　　茶几类家具包括小桌、矮几和一些临时用的桌几等，由矮小的桌或柜类家具构成。《说文解字》中谈道："几，坐所以凭也。"几在古时是凭倚之具，为长者、尊者所设，放在身前或身侧，也可以说是靠背的母体。后逐渐发展出琴几、花几、香几等种类。茶几是从清朝开始盛行的家具，是从香几的形式发展而来的，体量较小，一般分上下两层，放在两把椅子中间。

　　现代家庭中的茶几主要源于欧美国家。在现代家庭生活中，各种电器的广泛使用，衍生出很多现代家具，茶几便是其中一种。茶几在英文中叫"coffee table"，原本与中国古代的茶几一样属于高桌，在欧美国家主要用于客厅中，后来经过与人们的生活习惯结合发展成为低矮的、放在客厅中沙发与电视机之间的、用于置物的家具。在国外，由于其在客厅中的使用需求主要为摆放及储存物品，所以在功能上并没有较大的革新，主要针对材料、结构、色彩等进行创新。

一、案例解析

　　朱小杰设计的伴侣几，材质为乌金木，上下两个几面由一片原木做成，高低错开，一阴一阳，故名曰"伴侣几"（图 5-25）。把原木整片切下来，让其成为台面，做成茶几或者桌子，就能很完整地展示其最原始、最自然的状态。这张伴侣几是在制作森林几时，由于木材年代久远，一不小心就很自然地裂开了，设计师就巧妙地让其分为半圆阴阳，并且一高一低错开，阳在上，阴在下，取名"伴侣几"。一个好的设计，很有可能在不经意中产生。

图 5-25　伴侣几

## 二、茶几类家具的样式分析

几在古代是人们席坐时凭倚用家具，发展到今天，几的功能发生了很大变化，成为陈放物品和装饰家居不可缺少的家具。按用途，几可分为凭几、炕几、香几、花几、茶几等。

凭几是古时供人们凭倚而用的一种家具，形体较窄，高度与坐身侧靠或前伏相适应，具有缓解久坐疲劳、稍作倚靠的功能。凭几是席坐时代的一种重要家具。凭几造型不一，早期多为两足，几面平直中间微凹，在魏晋南北朝时期最为盛行，此时凭几已变为三足，呈曲形，所以也称"三足曲木抱腰凭几"。三足凭几到宋元以后就很少见了，但在一些游牧民族中尚有使用者，这种凭几正适合游牧生活的需要，因此被保留了下来（图 5-26、图 5-27）。

图 5-26　明代黄杨木凭几

图 5-27　清代金漆三足凭几

花几根据几面的形状和高低可分为两种造型：一种是传统的正圆、正方、六角形、八角形，大致高度在 1.5m 以上（图 5-28）；另一种是根据天然材料本身的形状，简单雕琢，不失自然，如树根经过工艺处理后制作成的台几，没有固定统一的形式，源于自然又突破自然，具有稚拙、淳朴的特色（图 5-29）。同时，也有根据个人需求制成的各种茶几类家具（图 5-30 ~ 图 5-35）。

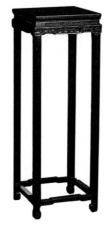

图 5-28　清代红木花几

图 5-29　花几

图 5-30　现代铁艺花几（一）

图 5-31　现代铁艺花几（二）

图 5-32　清代紫檀福寿炕几

图 5-33　清代黄花梨高束腰带托泥香几

图 5-34　清代黄花梨书卷式琴几

图 5-35　片舟凳几

茶几根据用途可分为桌式茶几和柜式茶几。桌式茶几比较简单，只能提供置物的功能，其造型也只是简单的上平面下腿的结构；柜式茶几结构较为复杂，可以满足人们多样的需求（图5-36、图5-37）。

图 5-36　桌式茶几

图 5-37　柜式茶几（咖啡桌）

从色彩上说，茶几多为木色、白色和黑色。茶几一般放在居室空间的中心位置，要同其他家具相互配合，不能太孤立。茶几使用这些颜色容易同整个环境融合。在现代家居中，茶几的设计既有对以往传统的承袭，同时又注重复合材料的运用及多种材料的组合，款式多样，造型丰富。茶几已不再是其他家具的附属品，而有自身的个性与风格，在家居气氛营造中具有画龙点睛的作用。

茶几根据材质可分为木质茶几、大理石茶几、玻璃茶几、藤竹茶几和金属茶几。

（1）木质茶几。木质茶几采取天然木材制作，让人们有亲近大自然之感，其精致的工艺、温和的色调、温润的触感，可以和一些风格沉稳大气的家具搭配使用。如图5-38、图5-39所示。

图 5-38　木质茶几（一）

图 5-39　木质茶几（二）

（2）大理石茶几。大理石茶几可以在上面烧开水，噪声小，台面不会爆裂，卫生安全，简单实用（图5-40）。

图 5-40　大理石茶几

（3）玻璃茶几。玻璃材质的茶几具有清澈透明的质感，而且在室内自然光线的照射下，具有立体感，能够让视觉空间变大，显示出朝气和活力。玻璃茶几有两种：一种为热弯玻璃，高温热弯后进行钢化，有优美流畅的外形，整个茶几都是用玻璃材质制成；另一种是台面为钢化玻璃，搭配外观精致的电镀仿金配件，或采用静电喷漆的不锈钢架子制成。这种玻璃茶几因为价格便宜，质量也很好，所以也是日常生活中最常见的一种茶几（图5-41、图5-42）。

图 5-41　玻璃茶几

图 5-42　3D 打印茶几

（4）藤竹茶几。藤竹茶几可以体现人们对自然的一种向往，其风格沉静古朴，可以和木质沙发或藤制沙发等家具搭配使用（图5-43）。

图 5-43　藤竹茶几

（5）金属茶几。金属茶几的台面是实体金属面材，无缝隙、不渗水。金属材料无辐射、无毒且环保，是可以和食物直接接触的，而且对油渍、污渍、细菌等有很强的抵抗力，又容易清理。金属触感温润、耐高温、坚固实用又不易变形，柔韧性和可塑性都很好，可加热弯曲成型，可以做出多种造型。

## 三、茶几类家具的基本功能要求与尺度

### 1. 茶几的功能要求与设计形式

茶几是近代家居生活衍生出的家具种类，一般在客厅中使用。在茶几的设计上，目前较多的只处于外观设计的层面。随着时代的变化，用户产生出不同的使用需求，茶几应根据现代人的生活习惯做出相应的设计。有相当一部分家庭以茶待客，由于对饮茶的需求不一，用户使用的器具也有所不同。一般的茶几设计中较少涉及用户饮茶的需求，所以用户在使用茶几饮茶时常遇见各种问题，感到诸多不便。在国内的市场上，用于饮茶的桌几的设计主要分为四种形式。

（1）艺术性较高的茶桌。如根雕茶桌，造型不一，需要根据材料本身的造型特点进行打磨设计，再赋予功能，一般为孤品，难以进行批量生产。其以艺术观赏为主，缺乏实用功能，用户使用时限制比较大，难以进行其他的功能叠加（图5-44）。

**图5-44　根雕茶桌**

（2）平面式茶桌。这种茶桌主要是以材料、结构、美学等作为出发点，材料以木材、竹材为主，一般没有被赋予特定的功能，用户可根据自身的需求划分功能区域，使用的自由度较大，但是在饮茶时，用户需要自行安排各种器具位置，所以要求用户有一定的审美能力，否则会造成桌面混乱。

（3）茶盘式茶桌。这种茶桌一般将茶盘与茶桌相结合，在桌面上预先设计好茶盘的大小、样式及位置，用户一般难以对茶盘进行更换。由于茶盘是饮茶过程中最主要的器具，其涉及茶桌的排水系统，一般的茶几难以解决这个问题，这种设计主要解决了茶盘排水的问题，与平面式茶桌使用情况一样，也需要用户具备较强的审美能力。

（4）根据用户的使用行为设计的茶桌。这种茶桌主要根据用户饮茶的行为进行设计，材料比较多样，除了较为常见的木材外，还有玻璃、金属、塑料等材料，颜色也较多，结合用户的使用习惯，如桶装水放置、水桶摆放等，功能设计较为完善。但这类设计以整合为主，茶桌功能的位置固定不变，用户不能根据个人需求进行调整，针对的人群较为固定。

### 2. 茶几的尺寸分析

茶几的尺寸分析见表5-6。

**表 5-6　茶几的尺寸分析**　　　　　　　　　　　　mm

| 型制 | 形状 | 长度 | 宽度 | 高度 |
|---|---|---|---|---|
| 小型茶几 | 长方形 | 600~750 | 450~600 | 380~500（380 最佳） |
| 中型茶几 | 长方形 | 1200~1350 | 380~500 或 600~750 | 430~500 |
| | 正方形 | 750~900 | | |
| 大型茶几 | 长方形 | 1500~1800 | 600~800 | 330~420（330 最佳） |
| | 正方形 | 900、1050、1200、1350、1500 | | 330~420 |
| | 圆形 | 直径：750、900、1050、1200 | | 330~420 |

## 四、茶几类家具的创意设计

荷兰设计师罗伯特·范·安布瑞克斯（Robert van Embricqs）设计的可升降茶几，不仅机关巧妙，外观也富有装饰性（图 5-45）。可升降茶几的功能与审美完美结合，实用并且独特，创新的铰链系统保证了茶几重量轻、易于变形且坚固。

**图 5-45　可升降茶几**

荷兰设计师雷纳·德·容（Reinier de Jong）设计的 REK 咖啡桌，满足了在不同场合下的不同用途，不仅可以把咖啡桌扩展开，便于放更多的东西，而且不用的时候，也可以很方便地收起来。REK 咖啡桌采用橡木或榉木的实木复合板材，细节相当微妙。完全折叠尺寸是 60×80cm，打开后最大长度为 170cm、最大宽度为 130cm（图 5-46）。

**图 5-46　REK 咖啡桌**

**图 5-46　REK 咖啡桌（续）**

　　吕永中设计的 "徽"系列套几，由三个大小不一的柳桉木茶几依次套在一起，像翘头案一样微微卷起的桌沿是受到徽州民居屋檐的启发，表达出典雅的文人气质。与传统套几相比，"徽"系列套几的形式更为简洁和直率，两侧板腿与台面连为一体，整体感强。板腿底部有切削出来的短小的足，使得原本单调的板腿变得活泼了，可以说设计师借用经典的建筑形式，赋予了家具独特的文化内涵（图 5-47）。

**图 5-47　"徽"系列套几**

◎ **实训任务** ◎

　　1. 收集家具大师的经典作品并做详细分析。

　　2. 考察家居空间、办公空间，并对空间环境进行分析，进行茶几设计。

　　3. 要求有鲜明的主题来源和明确的定位，充分考虑人体工程学的要求，符合舒适性、功能性、安全性的基本原则。

　　4. A3 图纸绘制，图面整洁规范，符合国家制图规范，标注材料、尺寸。绘制三视图、效果图，说明家具陈设背景及环境表现设计意图，画面完整，表现手法不限。

　　5. 设计说明 100 ～ 200 字。

茶几设计学生作品

● **课后拓展** ◎

桌子创意与设计　　　　　茶几创意与设计

# 项目六 | 床类家具设计

**知识要点**

　　床类家具的类别与风格特征；床类家具的功能与尺度要求；床类家具的创意设计。

**能力目标**

　　能对各类床具的特征、形式及适用人群等做出准确分析；能设计出尺寸合理的床类家具；能运用风格化元素或新型材料等对床具进行创新性设计。

**素养目标**

　　培养运用人体工学理论解决实际问题的能力；感悟传统技艺精髓，传承工匠精神；了解现代科学技术，继承和发扬传统技艺的创新与创业精神。

　　床的历史悠久，其造型特征与时代背景息息相关。随着时代的变迁，现代床的特征主要表现为种类繁多和新材料的不断应用，以及人们对床的健康和舒适度的要求。床的流行趋势主要表现在床头的造型，床的材料、尺寸和床头柜的变化等方面。从家具发展状况来看，现代家具的设计正趋向技术上先进、生产上可行、经济上合理、款式上美观和使用上安全等。当今的家具设计界越来越认同并接受一种新的设计观念，即设计新家具就是设计一种新的生活方式、工作方式、休闲方式和娱乐方式。越来越多的设计师对"家具的功能不仅是物质的，也是精神的"这一理念有更多、更深的理解。现代床的设计正朝着实用、多功能、舒适、保健和装饰性等方面发展。总之，风格上不断变化，功能上不断更新，工艺技术上不断完善，正是我国床具设计的发展方向。

## 任务一　单层床设计

### 一、案例解析

　　设计师弗朗西斯卡·帕多亚诺（Francesca Paduano）为意大利家具品牌设计了一款独特的睡床（图6-1）。这款床的造型由很多条参差不齐的粗线条组成，流畅的线条平整简单地铺成了双人床的形式（图6-2）。

图 6-1　双人床

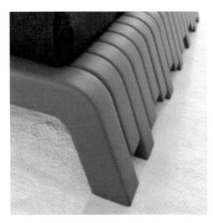

图 6-2　床局部

这款床可以说是设计师的色彩游戏，它有单色的款式（图 6-3、图 6-4），也有以冷色调所搭配组成的款式（图 6-5）。用一个个色块拼接成的床，摆脱了一般床具单调的形象，仿佛成为一个关于色彩的游戏。

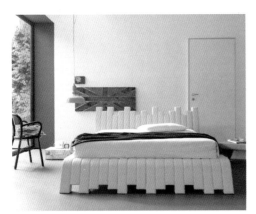

图 6-3　黄色款双人床

图 6-4　床头

从细节上可以看出，该设计虽然不像普通床具那样规整，但是突出体现了人性化，无论是从边角处理，还是到材质的选择，带给使用者的感官印象都是舒适、安全、便捷的，包括配套设施的设计，无不体现出设计师注重体验、以人为本的设计意识（图 6-6）。

图 6-5　多色款双人床

图 6-6　床头柜

## 二、单层床的样式分析

床有很多种类型，合适的尺寸可以让人们在休息时身心得到更大程度的放松。人的一生大约有三分之一的时间是在床上度过的，所以选择一款舒适的床对于每个人来说都是至关重要的，保持良好的睡眠是拥有好心情的先决条件。

床在人们的日常生活中扮演着很重要的角色。自古至今，床的种类款式和造型尺寸发生了很大的变化，每一种变化都体现了时代的审美观和习俗。

### 1. 沙发床

沙发床在家居中很常见，它是一种比较灵活的床，是可以变形的家具，可以根据不同的室内环境要求和需要对家具本身进行变换。其白天可以作为沙发，晚上打开就可以当床使用。沙发床是现代家具中比较方便的小空间家具，是沙发和床的组合（图6-7）。

**图 6-7　沙发床**

### 2. 平板床

平板床是一般常见的样式，它主要由基本的床头板、床尾板加上骨架组成。虽然简单，但是床头板、床尾板却可营造不同的风格，并且可以依据需要延伸出种类繁多的造型设计。

设计师玛丽奥·贝里尼（Mario Bellini）于2007年设计的名为 Grand Piano 的床，被称为舞台上的双人床。其琴架造型让整个床具看起来灵动、浪漫、舒适，同时，曲线形的侧板也可以用作座位或架子，兼具多功能用途（图6-8、图6-9）。

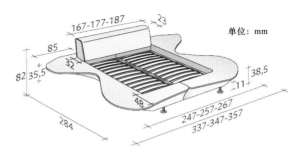

图 6-8　Grand Piano 平板床　　　　　　图 6-9　Grand Piano 平板床尺寸图

### 3. 四柱床

四柱床源自欧洲贵族，它的装饰手法随时代更迭呈现出多样化风格，造型趋于厚重、稳健，加上烦琐的图案纹样，使床具增添了无穷的浪漫想象空间。其中最典型的部分在于古典风格的四柱上有代表不同时期风格的繁复雕刻（图 6-10、图 6-11）。

图 6-10　古典四柱床（一）　　　　　　图 6-11　古典四柱床（二）

现代风格的四柱床造型延续了古典风格四柱床的框架形式，在装饰手法上更简洁，并可借由不同花色布料的使用，将床布置得更具个人风格（图 6-12、图 6-13）。

图 6-12　现代四柱床（一）　　　　　　图 6-13　现代四柱床（二）

### 三、床的材料和基本构造

#### 1. 床的一般材料

要研究床具的材料，就要从床具的发展史开始。原始社会时期，人类利用植物的枝叶、兽皮等铺垫而成的"床铺"睡觉，当人类掌握了编制技术后便开始睡"席子"，再后来床就出现了。据史料记载，我国的床起源于商代，到了明清两代，随着工艺技术的进步，床的外观造型也得到了相应的发展，比如材料更加厚实，其装饰之烦琐也达到了登峰造极的程度。清代的床具大多采用雕花镶嵌以及金漆彩油等手法。镶嵌多以玉石、玛瑙、瓷片、大理石、螺钿、珐琅、竹木、牙雕等为材料。

床的材料可以反映出当时的生产力发展水平。当代床具有由天然实木、细木工板、密度板等为材料的木质床具；有由竹条、藤条、秸秆等为材料的竹藤床具；也有由铁、铝、不锈钢等为材料的金属床具；还有由布、海绵、皮等为材料的软体床具等。

床具的材料选择主要考虑的因素有加工工艺、外观造型、材料质感、经济性以及床具具体部位所需强度等。

#### 2. 床的基本构造和相关配套设施

单层床有四个可见部分，即床头板、床尾板、床侧板和床铺板；还有不可见部分，即纵梁系统或床体狭槽，可以支撑弹簧床垫以及其他床垫等。具有典型特征的矩形床具有四个角，它们接触地面并支撑床垫重量（图6-14）。

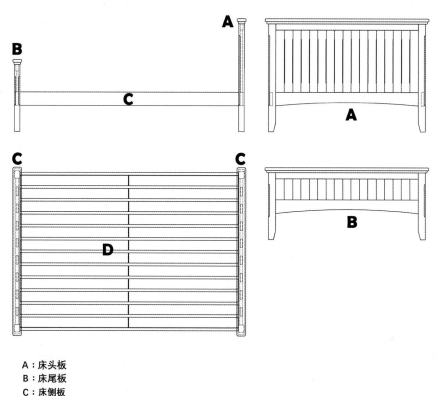

A：床头板
B：床尾板
C：床侧板
D：床铺板

图6-14　单层床构造图（大连日新光明家具有限公司 隋庆峰设计）

（1）床头与床尾。床头与床尾通常以相同的方式制作，从风格、配色、材质、工艺等方面做到一致和互补，且床头往往高于床尾。

一般情况下，床头与床尾的设计决定了床具的整体风格，特别是床头的设计。无论是古典派还是现代派，也无论是欧式、美式还是中式风格，除了造型的设计外，也要注重材质对床具舒适性的影响，更要考虑到床具具体使用的安全性和环保性（图6-15、图6-16）。

图6-15　现代风格的床头（一）

图6-16　现代风格的床头（二）

由于床头、床尾的设计往往决定了床具的整体风格，因此在造型风格、材质、色彩的选择上一定要结合使用空间去考虑。

（2）床头柜。家具的相关配套设施中最为常见的就是床头柜。

床头柜一般有储存功能和摆放功能。床头柜无论设计的形式如何，都有一个共同特点：在床头附近形成台面区域（图6-17、图6-18）。

图6-17　床与床头柜的整体设计　　　　　　　图6-18　床头柜的多样性设计

（3）床尾凳。床尾凳是一种置于床尾的坐具。它源于欧洲贵族的生活习惯，最早是用于起床后坐在上面换鞋更衣等，后来慢慢衍生出防止被子滑落和放置衣物等功能。在当代，床尾凳的一般使用功能除了装饰空间、增加空间层次外，还可以供客人在上面暂坐，因为直接坐在床上不礼貌（图6-19、图6-20）。

当然，一般情况下床尾凳的风格设计也要与床具本身保持基本一致。

图6-19　欧式床尾凳

图6-20　现代风格的床尾凳

（4）其他配套设施。卧室里的其他配套设施要在床具的统领下呈现整体和谐的效果，需要设计师具有大局观念，无论是风格流派，还是色彩、材质、装饰元素，其他配套设施都要以床具为核心，相互形成或对比或呼应的形式，例如储物柜、坐具等（图 6-21～图 6-23）。

**图 6-21　皮质床具的床头设计**　　　**图 6-22　皮质床头柜**　　　**图 6-23　皮质配套设施**

同时，以床具为核心的卧室家具设施，在设计时要考虑空间界面的装饰风格、色彩及材质。无论什么类型的家具，它们既是空间的主体，又必须服从空间的整体规划，相辅相成才能物尽其用，最大限度发挥出它们的使用功效（图 6-24、图 6-25）。

**图 6-24　卧室内床具及配套实施整体设计效果**　　　**图 6-25　床具及配套设施**

图 6-24 的设计在造型方面颇有巧思，似皮革的软包给人柔软舒适之感，加上床具配套设施的外观统一（用棱角不突出的弧面几何造型元素），使整个卧室看起来安心、安全、温暖又有趣（图 6-26～图 6-28）。

**图 6-26　镜子**　　　　　**图 6-27　床头柜**　　　　　**图 6-28　床头柜变形状态**

### 四、单层床的基本功能要求与尺度

#### 1. 床宽

研究表明，床的宽度直接影响人的睡眠，进而影响人的翻身活动，睡窄床比睡宽床的翻身次数少，人在睡眠时会对安全性产生自然的心理活动，所以床不能过窄。实践表明，单人床的宽度为700～1 300mm比较适合。单人床的标准宽度通常是仰卧时人肩宽的2～2.5倍，双人床的标准宽度一般为仰卧时人肩宽的3～4倍。成年男子的肩宽平均为420mm，一般通用的单人床宽度为700～1 300mm，双人床宽度有1 350mm、1 500mm、1 800mm、2 000mm等规格（图6-29、图6-30）。

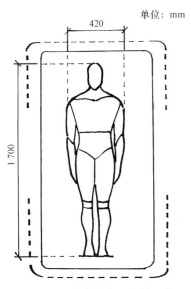

图 6-29　单人床人体工程学示意图

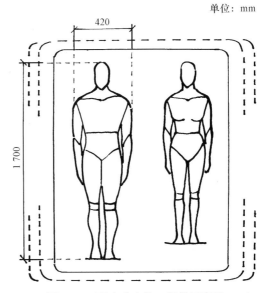

图 6-30　双人床人体工程学示意图

#### 2. 床长

床的长度是指床头与床尾的内侧或床架内的距离。一张床足够长才可以使人的身体得到舒展，因此床的长度对睡眠来说非常重要，而床的长度应以较高的人体作为标准计算。以我国男性平均身高约1 670mm为例，床长的计算公式为：床长 =1.05 倍身高（1 753.5mm）+ 头顶余量（约100mm）+ 脚下余量（约50mm）= 1 903.5mm。因此一般常见的床长有1 900mm、2 000mm、2 100mm等规格。

#### 3. 床高

床高是指床面与地面的距离，由于床同时具有坐和卧的功能，以及还要考虑到人的穿衣、穿鞋等动作，因此床的高度一般要与椅凳的高度一致。另外，多数床还兼具收纳功能，因此床高要考虑储物空间的高度的合理性。一般床高在 400～500mm。

### 五、双人床的创意设计

好的创意离不开人们对于生活细致入微的观察和深刻剖析。可以说，所有的家具中，床具的设计与人类生活的关联是最重要的，它不仅关系到生理上的健康，还包括精神、情感的体验，这些都是床具设计的考虑因素。在进行床具设计之前，一定要深入生活，充分了解使用者的生理需求和精神需求，并用最适当的方式进行创意设计。

设计师雷尼尔·格拉夫（Rainer Graff）的 Loftbox 101 折叠家具，是当代互动式家具的经典之作（图6-31～图6-33）。当它完全折叠时，看上去就像是一个带滚轮的床垫。而另有需要的时候，简单地将各个部件展开就变成了一个非常有情调的茶座，而且滚轮的设计让整组家具无论是床具还是茶座在转换后的使用上更加便捷，更方便办公场所以及空间局促的小户型居住空间使用。

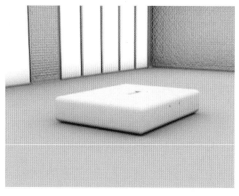

图 6-31　折叠家具——床

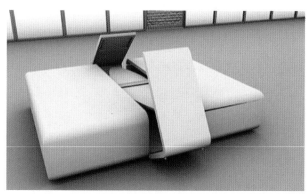

图 6-32　折叠家具——变形过程

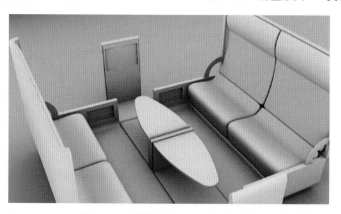

图 6-33　折叠家具——一体式茶座

　　德国 Max Longin 公司设计了一款家用可浮动不锈钢概念床，其灵感来自悬索桥，支撑框架采用了木棒和弯曲的钢管，四根钢丝绳把中间的床板吊起，这种全金属的架构完全不用担心床的结实程度。仿生学的特别设计完全可以担当起整体居室设计的主体，使房间看起来既迷人又有趣（图 6-34、图 6-35）。

图 6-34　不锈钢概念床

图 6-35　不锈钢概念床局部

　　来自意大利的 Hi-Interiors 公司的概念床设计（图 6-36），其简洁流畅的线条极具未来感。全自动化的投影设施、音响系统和游戏设备控制台与床融为一体，与四柱式的床具形成一个半封闭的小空间，使人感到安稳并具有极强的私密性。

图 6-36 一体式概念床

曼努埃尔设计的摇摆床，能像摇椅一样摇摆（图 6-37、图 6-38）。设计师最初的想法是彻底改变人们平日习惯的睡眠方式及卧室的形式。但该设计需要占用比"正常"的床更多一点的空间。此外，这个床具还提供了一套构件，可以保持一定角度的倾斜。

图 6-37 摇摆床（一）　　　　　　　　　　图 6-38 摇摆床（二）

◎ **实训任务** ◎

　　1. 结合人体工程学原理及材料学，选择两款市场中具有设计感的双人床进行对比分析，以表格和 PPT 的形式进行总结汇报。

　　2. 搜集国内外优秀的床具设计作品，从造型和风格的角度进行分析。

　　3. 在已有的空间内进行风格化的双人床设计：

　　（1）制作出双人床的三视图、节点图、效果图等；

　　（2）说明双人床的使用材料；

　　（3）列出设计对象、风格主题、价格区间等要素。

## 任务二　双层床设计

双层床是指上下两层的床。双层床在有限的房间里可以节省相当大的空间，一般为宿舍、火车、轮船以及部分工作空间所使用。双层床不但在改善空间面积上有很大的帮助，而且在整体居室设计上也增加了空间层次感，使空间变得更丰富有趣。在大多数学校里，学生宿舍统一采用双层床。目前家庭中由于人口增加，房间内设置双层床也变得必要。因此，恰当的双层床设计能够为生活带来便捷，增添许多乐趣，但不规范、不适当的双层床设计，会成为一种负担，影响使用者的身心健康。

### 一、案例解析

任何家具的设计都要与环境融洽相处，无论是主题性，还是配色、材料以及其他元素都要紧密结合。此款双层床设计属于全屋整体设计中的一部分，从木材的选用到整体色调的把握，从外观造型到自身结构与室内空间的契合度，无一不凸显设计理念和所要表达的主题（图 6-39）。从整体上看，这样的双层床设计使空间的主题更为突出，布局合理、装饰得当，整体观念的表现踏实而有力度。而这组双层床又作为该空间的主题部分，充分利用了有限空间，并使整个空间的效果更加出彩。

**图 6-39　主题性双层床设计**

### 二、双层床的规格

在设计双层床高度时，要考虑下铺使用者就寝和起床时有足够的空间，过高或者过低都会造成上下铺两位使用者的不便，包括安全性、便捷性和舒适性等（图6-40）。

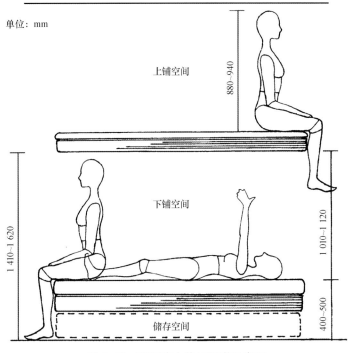

图 6-40    双层床人体工程学示意图

## 三、双层床的样式分析

### 1. 儿童型

儿童型双层床也称子母床，是现代儿童卧室空间设计中划分空间层次、决定整体设计风格的最重要的一部分。儿童型双层床的重要意义不仅在于节约空间，还有增添空间趣味的功能（图6-41、图6-42)。在儿童型双层床设计时要充分考虑到使用者的年龄，一般年龄过小的孩子不适合使用双层床，同时更要从结构、材料和规格上考虑儿童使用的安全问题。

图 6-41    男孩款儿童双层床            图 6-42    女孩款儿童双层床

### 2. 学生型

大多数学生在学校使用的双层床尺寸通常是成人标准，其各部分的规格设计都要考虑到人体工程学的原理。同时，学生型双层床的设计要考虑空间大小、整体风格、造价等因素（图6-43、图6-44）。

　　双层床的另一种衍化的形式，是上层为床位，下层为书桌、柜子等，高效利用了纵向空间，也为使用者提供了方便（图6-45、图6-46）。

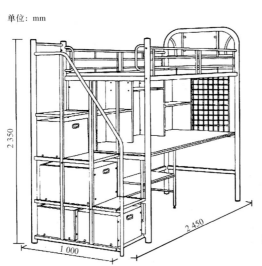

图 6-43　与书桌合为一体的双层床示意图

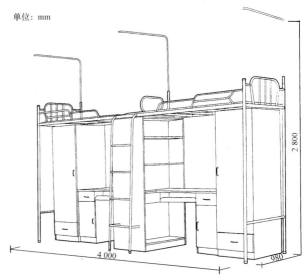

图 6-44　与柜子合为一体的双层床示意图

图 6-45　学生型双层床

图 6-46　学生型双层床在宿舍内的使用

### 3. 隐形型

隐形型双层床的设计目的主要是：

（1）节省空间。应一些超小户型或者受局限的空间需要，可以将双层床的整体或一部分做隐形处理，比如使用智能控制或者手动等方式，将床板进行折叠，使用时再展开，以达到节省空间的效果（图6-47）。

（2）多重功能。有的双层床设计为隐形型，是为达到多重功能的效果。例如某层床板与柜体、台面等相结合，方便实际使用时使用者人数的变动，同时满足不使用时的其他功能需求。

（3）增加趣味。多为儿童型双层床设计，出于儿童活泼好动、好奇心强等因素的考虑，将双层床做成隐形的效果，满足了使用者的猎奇心理，也丰富了日常生活（图6-48）。

图 6-47　隐形双层床与柜体的结合

图 6-48　趣味感的双层床

## 四、双层床的创意设计

西班牙马德里的一个家具品牌的可折叠式双层床设计（图6-49~图6-53），主要针对的是年轻人，无论是自身规格还是在材料与色彩的选用上，都适应了服务对象的年龄特征需求。该设计的使用场所为面积较小以及特定的学习或工作空间，因此在折叠收纳的过程中尽量保持空间的完整性和美观性，收纳后整洁美观，不破坏空间的主体陈设，让使用者在有限的空间内消除混乱的视觉感，是该隐形床的设计宗旨。

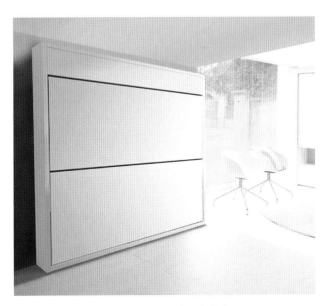

图 6-49　隐形双层床的闭合状态（一）

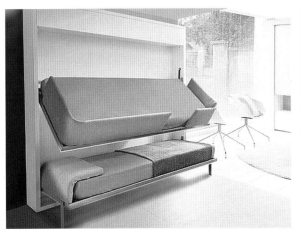

图 6-50　隐形双层床的打开状态（一）

图 6-51　隐形双层床完全展开的样貌

床设计学生作品

图 6-52 隐形双层床的闭合状态（二）

图 6-53 隐形双层床的打开状态（二）

 实训任务

1. 收集经典子母床作品并做详细分析。

2. 考察居住空间中的双层床与环境结合的案例。

3. 设计一款双层床：

（1）要求有鲜明的主题来源和明确的定位，充分考虑人体工程学的要求，满足舒适性、材料、颜色、美感等要求。

（2）A3 图纸绘制，图面整洁规范，符合国家制图规范，标注材料、尺寸。绘制三视图、效果图，说明家具陈设背景及环境表现设计意图，画面完整，表现手法不限。

（3）设计说明 100 ~ 200 字。

● 课后拓展 ·····

中国床的发展沿革

当代床具品类一览

优秀作品欣赏（创意床）

# 项目七 | 收纳类家具设计

**知识要点**

收纳类家具的主要功能与分类；收纳类家具的功能与尺度要求；收纳类家具的创意设计。

**能力目标**

能灵活运用设计语言进行收纳柜的创新设计；能设计出尺寸合理的收纳类家具。

**素养目标**

遵守家具设计的国家规范与行业标准，具有较强的规范意识；具备一丝不苟，精益求精的工匠精神；培养"设计为民""低碳环保""传承文化"的设计观；善于运用新材料和新技术创新设计家具。

收纳类家具是用来储存被服、书刊、食品、器皿、用具等物品的家具，这类家具一方面要处理物与物的关系，另一方面还要处理人与物的关系，即满足人使用时的便利性。因此，收纳类家具设计必须研究人体活动尺度，研究人与物两方面的关系：一是收纳空间划分要合理，方便拿取，提高活动效率；二是收纳方式合理，存储数量充分，满足存放条件。

## 任务一 柜类家具设计

### 一、案例解析

家具与人的生活息息相关，家具一定是与时俱进，随着时代、生活方式、人们审美的改变而改变。新中式家具是中国传统风格为了适应当下的时代语境，将现代和传统融合，以现代人的审美需求来进行取舍、创新。

以新中式收纳柜、书柜为例，采用具有现代感的直线，排列形成重复和韵律的线条和格子。格子有大有小、有高有宽，灵活而不凌乱，完美实现了收纳功能。通顶设计显得优雅大气，利用古典画、盆栽、古典花瓶等富有韵味的摆件，丰富了空间层次，整体效果现代而又有中国传统内涵与气质。

**图 7-1 新中式家具**

收纳柜锦集

## 二、柜类家具的分类及样式

在中国，柜子的使用大约始于夏商周时期，那时候称为"椟"。到了明清时期，柜子成为室内必备的家具，且形制已定型。明清柜子按形制可分为方角柜、圆角柜、亮格柜，形制不同，其构成部件也不同。现代收纳类家具范围较广，形态也各有不同，在功能上分为橱柜和屏架两大类；在造型上分为封闭式、开放式、综合式；在类型上分为移动式和固定式。另外，根据空间环境不同，可以分为居住类收纳家具（卧室、客厅、厨房等空间中的收纳家具）、办公类收纳家具、展示类空间家具（博物馆、展览馆、商业空间中的家具等）。按照其构成方式不同，可以分为板式、框架类、组合类、模块化收纳家具。柜类家具有衣柜、书柜、电视柜、五斗柜、床头柜、酒柜、橱柜等。

柜类家具的样式一方面因为其承载收纳、储存的功能，设计发挥受到了一定的限制，另一方面由于柜类家具的构成材料以木材和金属为主，材料的特性使得柜子的形态样式主要为方形或长方形（图7-2）。柜类家具的样式设计，主要通过材质、空间分隔、色彩、点线面元素富有节奏的排列，来达到新颖的视觉效果（图7-3～图7-5）。

图 7-2　长方形样式的柜子

图 7-3　色彩丰富的柜子

收纳柜设计：直线
or 曲线

图 7-4　展柜

图 7-5　厨房整体柜

## 三、柜类家具的创新样式分析

设计柜类的家具，首要的还是应该注重功能，研究所收纳物品的特点、存放规律，这样才能更有利于使用，才能让生活、工作更加便利。要观察生活，反复思考，捕捉新的灵感，创新家具，改变人们的生活。这一点也是国内著名家具设计师朱小杰的观点。也就是说，创新设计要在保证功能的基础上运用发散性思维，而且要尝试打破固有概念，全新创造。

### 1. 功能为主的柜类家具的创新样式分析

设计师朱小杰认为，脱离了功能，脱离了实用，如设计了大衣柜不能挂衣服，这都不能称为设计。发现生活潜在的需要是他的设计心得之一。如图7-6所示，这款书柜体现着设计师的智慧，首先，传统的书柜间隔过大，时间久了板子会变形，这款书柜的间隔很小；其次，将空间充分分隔开有助于摆放各种物品；最后，柜体下部由皮革面呈现出的密闭空间，可以收纳不适合展示的物品。设计的出发点充分考虑了使用的细节、人与柜子的关系，重新划分了书柜的构成以及分配了封闭与开放的区域（图7-6）。创新还体现在柜子主体样式不变的情况下，通过材质拼贴形成独特视觉感的柜门，创新柜子的样式（图7-7）。

图 7-6　朱小杰设计的书柜

图 7-7　材质拼贴的柜子

2. 趣味性柜类家具的创新样式分析

随着经济的发展，人们的生活水平不断提高，生活方式不断变化。柜类家具不仅满足了收纳的功能需求，还增加了精神性、文化性、趣味性、互动性的设计。比如关注绿色环保；以人为本，更关注人的需要；注重文化性；增加趣味性、互动性与体验性，给生活带来乐趣。因此柜类家具除了功能方面的不断完善外，还发展出新的样式与功能（图7-8、图7-9）。

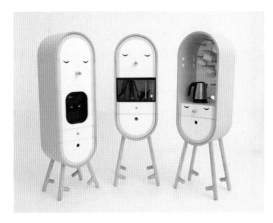

图 7-8　厨房储物柜趣味化设计

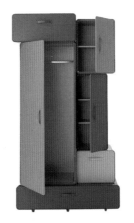

图 7-9　新视觉衣柜

3. 功能整合柜类家具的创新样式分析

对于小户型空间来说，一些家具并不适合。在未来生活中人们对家具的需求趋向多元化、功能融合。功能整合柜类家具应运而生，如书架与倚靠功能的结合，书架与坐的功能的结合，将不同类别的收纳类家具进行整合等。

德国设计师蒂勒·科奈克（Till Könneker）设计了多功能家具"居住立方体"（Living Cube）（图7-10），仅仅占用182×188cm的面积，依据组合式系统家具概念进行设计，一个方块就可以容纳两个完整尺寸的床铺，并且同时具有收纳、挂衣甚至电视架的功能，形成书柜、衣柜、鞋柜、工作桌、收纳间等多功能为一体的组合样式。整合功能也包括细分柜类家具内部空间，满足收纳功能（图7-11）。

图 7-10　多功能家具

图 7-11　整合家具空间功能

## 四、柜类家具的基本功能要求与尺度

造型简单的柜类家具设计最需要设计者具有"工匠精神"，要考虑柜体内部结构是否科学合理，柜体自身尺寸与空间结构是否严实合缝，柜子内部分割是否满足不同人的生活物品收纳特点。因此首先要掌握家具设计的相关国家标准规定，熟悉板材规格及特性。

### 1. 柜类家具与存放物的关系

柜类家具作为收纳类的主要家具，其最直接、最根本的功能是实现物品科学、合理的收纳。一方面要考虑柜类家具的尺寸要与所存放物品的类别与存放方式相符，另一方面还要考虑柜类家具与人体尺度的关系，要掌握科学的存取尺寸，方便人拿取物品。

家庭中的生活用品是多样的，它们尺寸不一、形态各异，要做到有条不紊、分门别类地存放，促成生活安排的条理化，从而达到优化室内环境的目的。

### 2. 柜类家具与人体尺度的关系

我国的国家标准规定柜子限高为 1 850mm。在 1 850mm 以下的范围内，根据人体动作行为和使用的舒适性及便捷性，可划分为两个区域：第一个区域以人肩为轴，以上肢半径为活动范围，高度在 650 ~ 1 850mm，是存取物品最方便、使用频率最高的区域，也是人的视线最易看到的区域。第二个区域是从地面至人站立时手臂下垂指尖的垂直距离，即 650mm 以下的区域，该区域存储不便，需要蹲下操作，用来存放较重而不常用的物品。若需扩大储存空间，节约占地面积，则可设置第三个区域。第三个区域是橱柜的上方 1 850mm 以上的区域，用来存放较轻的过季物品。

在上述储存区域内根据人体动作范围及储存物品的种类，可以设置搁板、抽屉、挂衣棍等。在设置搁板时，搁板的深度和间距除了考虑物品存放方式以及物体的尺寸外，还需要考虑人的视线，搁板间距越大，人的视域越好，但空间浪费较多，所以设计时要统筹考虑。而柜类家具的深度和宽度，是由存放物品的种类、数量、存放方式以及室内空间布局等因素来确定的。在一定程度上还取决于板材尺寸的合理裁切及家具设计系列的模式化。

### 3. 柜类家具的主要尺寸

（1）衣柜尺寸。国家标准规定，挂衣杆上沿至柜顶板的距离为 40 ~ 60mm，大了浪费空间，小了放不进衣架。挂衣杆下沿至柜底板的距离，挂长大衣不应小于 1 400mm，挂短外衣不应小于 900mm。衣柜的深度一般为 600mm，不应小于 530mm。衣柜尺寸如表 7-1、图 7-12 所示。

表 7-1　柜内空间尺寸　　　　　　　　　　　　　　　　　　　　　mm

| 柜内深 | | 挂衣棍上沿至顶板内表面距离 $H_1$ | 挂衣棍上沿至底板内表面距离 $H_2$ | |
|---|---|---|---|---|
| 悬挂衣服柜内深 $T$ 或宽 $B$ | 折叠衣服柜内深 $T$ | | 适于挂长衣服 | 适于挂短衣服 |
| ≥ 530 | ≥ 450 | ≥ 40 | ≥ 1 400 | ≥ 900 |

注：当有特殊要求或合同要求时，各类尺寸由供需双方在合同中明示，不受此限。

（2）抽屉柜尺寸。抽屉柜尺寸如图 7-13 所示，抽屉深度不小于 400mm，底层屉面下沿离地面高度不小于 50mm，顶层抽屉上沿离地面高度不大于 1 250mm。

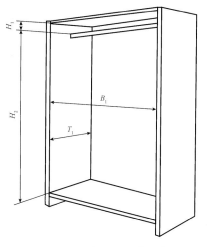

图 7-12 柜内空间尺寸示意图

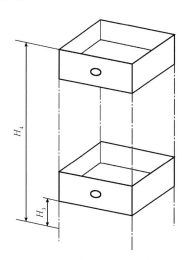

图 7-13 抽屉柜尺寸示意图

（3）床头柜尺寸。床头柜尺寸如表 7-2、图 7-14 所示。

表 7-2 床头柜尺寸           mm

| 柜体外形宽 $B$ | 柜体外形深 $T$ | 柜体外形高 $H$ |
| --- | --- | --- |
| 400~600 | 300~450 | 500~700 |
| 注：当有特殊要求或合同要求时，各类尺寸由供需双方在合同中明示，不受此限。 | | |

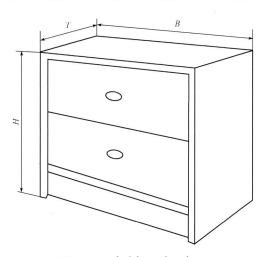

图 7-14 床头柜尺寸示意图

（4）书柜尺寸。书柜尺寸如表 7-3、图 7-15 所示。

表 7-3 书柜尺寸           mm

| 项目 | 柜体外形宽 $B$ | 柜体外形深 $T$ | 柜体外形高 $H$ | 层间净高 $H_5$ |
| --- | --- | --- | --- | --- |
| 尺寸 | 600~900 | 300~400 | 1200~2200 | ≥ 250 |
| 注：当有特殊要求或合同要求时，各类尺寸由供需双方在合同中明示，不受此限。 | | | | |

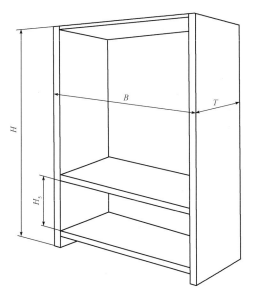

图 7-15    书柜尺寸示意图

（5）文件柜尺寸。文件柜尺寸见表 7-4。

表 7-4    文件柜尺寸                                                                                                  mm

| 项目 | 柜体外形宽 $B$ | 柜体外形深 $T$ | 柜体外形高 $H$ | 层间净高 $H_5$ |
|------|------|------|------|------|
| 尺寸 | 450~1 050 | 400~450 | （1）370 ~ 400<br>（2）700 ~ 1 200<br>（3）1 800 ~ 2 200 | ≥ 330 |

注：当有特殊要求或合同要求时，各类尺寸由供需双方在合同中明示，不受此限。

## 五、抽屉柜的创意设计

抽屉柜具有很实用的功能，其外观样式以方形、长方形为主。为满足人们对生活更多个性化的需求，需对抽屉柜进行创意设计，改变千篇一律的抽屉柜造型。图 7-16 和图 7-17 中的抽屉柜被称为"木方堆抽屉柜"或者"隐形的抽屉柜"，只有打开时才能显示出是抽屉，这种趣味性、隐藏的设计一改常态，对抽屉进行了创新思考与设计。抽屉柜可以独立设计，也可以合理利用空间，与空间紧密结合设计（图 7-18），抽屉柜的创新还可以打破直线与方形固有形态。意大利家具品牌 De Castelli 于 2019 年推出一系列新产品，"强调几何、体现调性、强调质感"（图 7-19）。

图 7-16    打破传统形态的抽屉柜设计（一）

图 7-17　打破传统形态的抽屉柜设计（二）

图 7-18　储藏式抽屉柜

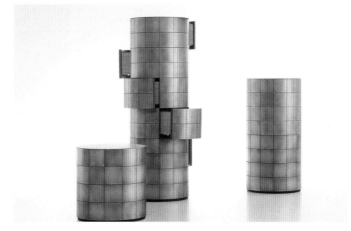

图 7-19　金属抽屉柜

◎ **实训任务** ◎

1. 收集具有创新、美感的收纳柜并分析创意、材质、色彩等。

2. 考察大连宜家家居，测量、记录柜类家具尺寸，设计一款收纳类家具。

3. 尺寸设计合理，符合"创新性、安全性、功能性"的基本原则。

4. A3 图纸绘制，图面整洁规范，符合国家制图规范，尺寸标注规范，标注材料、工艺。绘制三视图、效果图，说明家具陈设背景及环境表现设计意图，画面完整，表现手法不限。

5. 设计说明 100 ～ 200 字。

# 任务二　书架设计

书架是室内空间中主要的收纳类家具之一，构成材料以木、金属等材料为主。书架主要有开放和封闭与开放结合两种形式。由于生活方式的改变、个人喜好的多样化，书架的设计越来越具有创新性，书架除了具备储存功能，还具有欣赏性、趣味性与互动性的特点，书架的尺寸根据设计的不同而不同。

## 一、案例解析

"蠕虫书架"（bookworm）是英国著名设计师罗恩·阿莱德（Ron Arad）借助新材料与新技术设计的新形态书架。当柔性钢材进入市场，所有设计师对这种新材料无从下手时，罗恩·阿莱德有了使用它做书架的想法，书架最初使用的是暗色的钢材，后来被米兰的 Kartell 公司引进，改用彩色的塑料制作，价格是钢材的五十分之一（图 7-20 ~ 图 7-22）。

该设计打破了书架的直线形态，变成一条自由变换的曲线，可以利用书档存放书籍、CD 盘等。这款书架是能够随意打造曲线的半成品，使得书架一下子产生了巨大的变化，使用者也是半个设计师，能够享受安装过程中的乐趣与互动性。作品充满了自由理念和无尽的想象，将自由理念与科技结合起来，从艺术品向商业化、产业化发展。作品具有实用性，并且是艺术品。

图 7-20 塑料"蠕虫书架"　　　　　　　图 7-21 "蠕虫书架"展示效果

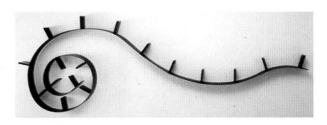

图 7-22 钢材"蠕虫书架"

通过以上案例我们可以看出时代发展、科技进步、新材料的出现给生活、生产、设计都带来了新的发展可能。柔性材料给设计师带来灵感和更多设计可能。在当下"碳达峰、碳中和"等生态文明背景下，在"健康中国"等理念下，涌现出很多绿色环保的新型材料以及对传统材料的创新应用。

我国素有"竹子王国"之称，竹子的开发利用在中国历史悠久，"竹炭板"是以优质竹炭粉为基础原料，经特殊配方和独特制造工艺制成的一种新型环保装饰装修材料。它本身不含甲醛，还能吸附、净化室内其他污染物，同时具有高强度、强握钉力、防腐、防蛀、防霉、防火等性能特点，可以用于替代密度板、刨花板等。竹炭板可以减少森林砍伐，改善居住环境，提高人民健康生活品质。家具的发展离不开材料的创新，竹炭板作为一种新型板材，在满足大多数板材性能要求的同时，又可以满足人们对环保、健康、绿色等生活理念的追求。

2013 年 3 月 1 日，国内家具的首份抗菌性能测试标准《家具抗菌性能的评价》开始实施，随着健康家居概念深入人心，抗菌家居材料越来越受到重视。家居板材从注重板材环保、无醛转变到注重"抗菌"。如通过"金属离子抗菌＋高分子"的创新抗菌技术，可以抑制病原菌的生长繁殖或杀死病原菌。

设计者应关注最新发展趋势和人们的最新需求，运用新技术、新材料或者创新传统材料而设计出既美观实用又安全健康的家具产品。

## 二、屏架类家具的样式分析

屏架是指屏风与架子类家具。屏风是用来分隔空间、挡风和遮蔽视线的家具。架子类家具是古代家具中带有装饰性的实用家具，常见的式样主要包括博古架、书架、CD架、办公或商业展架等。其样式比柜类家具更为丰富灵活。

### 1. 屏风样式分析

屏风在古代是建筑物内部挡风用的一种家具。屏风按形制可分为折屏、座屏、插屏、挂屏等；按材料可分为漆艺屏风、木雕屏风、石材屏风、绢素屏风、云母屏风、玻璃屏风、琉璃屏风、竹藤屏风、金属屏风、嵌珐琅屏风、嵌磁片屏风、不锈钢屏风等。随着现代新材料、新工艺的不断出现，屏风已经从传统的手工艺制作发展为标准化部件组装。金属、玻璃、塑料、人造板材制造的现代屏风，体现出独特的视觉效果。Fernando Laposse是一位居住在伦敦的墨西哥设计师（图7-23），他将不起眼的天然材料转化为精致的设计作品，广泛使用被忽视的植物纤维，如剑麻、丝瓜络（图7-24）和玉米叶，应用到屏风设计上，视觉新颖、清新，低碳环保。

图 7-23 设计师 Fernando Laposse

图 7-24 丝瓜络屏风

### 2. 博古架样式分析

据记载，博古架出现在北宋时期，当时只在一些宫廷、官邸摆放，而后这种集装饰储物功能为一体的东西逐渐在上层社会流行开来。到了明代，博古架普遍进入达官贵人府邸之中，其摆放的位置也从大厅、会客厅逐步进入内厅和书房。时至清代，博古架达到了流行的顶点，在民间村户中也普遍使用。

博古架是一种在室内陈列古玩珍宝的木制柜架，其中有许多不同样式的多层小格，格内陈列各种古玩、器物，也被称为"多宝阁""百宝架"等。博古架通常分为上下两段，上段为博古架，下段为橱柜，里面可储存书籍、器物。相隔开的两个房间需要连通时，还可以在博古架的中部或一侧开门，供人通行。博古架可以根据器物的大小来设计，应错落有致，每层形状不规则，前后均敞开，无板壁封挡，便于从各个位置观赏架上放置的器物。按照中国古典家具功能分类，把它归于木柜类有之，把它归于屏架类有之，把它归于架子类或杂项类亦有之。尽管分类不同，但其架具的功能并没有任何改变。中式传统的博古架是由实木制作的，内部以木条为主构成以立方为单元的组合架，整体造型有方形也有圆形等，均有美好的寓意：瓶形博古架寓意平安吉祥；圆形博古架有"圆满""美好""吉祥"的寓意（图7-25）；葫芦形博古架造型曲线流畅，有"福禄""吉祥"的寓意，象征招财（图7-26）。传统博古架样式设计讲究，手工质朴，原木材质好，因为要放置沉重的古玩、器物，所以承重力也很好。

图 7-25　圆形博古架

图 7-26　葫芦形博古架

随着家具的发展，现代的博古架有了更多的样式，成为一种潮流装饰品。现代的博古架多以板材为主构成以箱框为单元的组合架。但它不再是珍宝古玩的展示架，而是有了更实际的用途。现代博古架可用实木、人造板、金属、玻璃、皮革、塑料树脂等材料制作，样式各异，其外观尺寸可随着房屋的空间走向布置设计（图 7-27、图 7-28）。

现代博古架经常利用块面的韵律感设计，简单而不繁复，并不主张追求富丽与豪华，而更重视个性与创造性。现代博古架喜欢采用循环式设计，而传统博古架一个架子一个样，没有类似的。现代博古架使用的材料也更加广泛，如利用金属拼合构造而形成的博古架，线条简约流畅，装饰元素少，个性化、节奏感强，这种几何线条设计出的装饰性博古架，结构明快活泼，以框架式为特征，表面层次感强（图 7-29、图 7-30）。

图 7-27　现代博古架（一）

图 7-28　现代感博古架（二）

图 7-29　简约式博古架

图 7-30　合沐家新中式博古架

### 3. 书架样式分析

相比书柜，书架的设计更加灵活，造型也更加多样，可以更好地表现出个性与特色。摆放方式相比书柜、书橱也不同，可以选择悬挂、倚墙、嵌入、独立等不同的方式。书架具备收纳功能的同时，兼具分隔空间、美化空间的作用。书架的创意性设计也更加明显。从细节创新、从使用方式上创新，作品耐人寻味；从形态上创新让人耳目一新，满心愉悦。书架 Hill 集观赏性和实用性为一体，整体显示出一种"少就是多"的极简风，细而有力量的线条与面构成，富有现代感（图 7-31）。

图 7-31 书架新样式

书架的设计应注意虚实结合，从而使大块的立面显得生动而不滞重。书架与陈设品共同构成一件作品，虚体中的空格可以在内存物的衬托下产生丰富的艺术效果，形成一定的韵律，从而使空间活跃起来。

（1）形式美的书架样式分析。改变了木质、金属材质的柜子，使用陶土制成几何形模块，具有不同的质感。模块的重复构成了变化的线条美（图 7-32、图 7-33）。打破常规方形柜子的形态，利用错位、取消水平与垂直等方法，重新画线，呈现出形式感、构成感强的样式（图 7-34、图 7-35）。

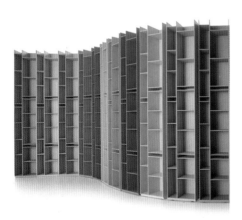

图 7-32 突显线条美的书架

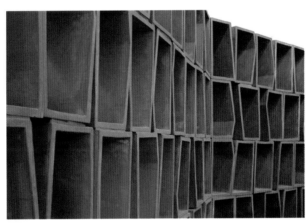

图 7-33 错位格子的书架

图 7-34 构成感强的书架

图 7-35 新样式书架

（2）趣味化的书架样式分析。趣味化设计是在后现代主义的背景下发展起来的一种设计趋势。趣味化的设计让人有轻松感、亲切感。具有娱乐性、趣味化的书架使空间氛围活跃，独具个性（图7-36）。设计师通常运用丰富艳丽的色彩，造型打破常规橱柜形态，多采用仿生、借用、夸张、置换等手法，新颖别致，带来不一样的体验感。罗恩·阿莱德（Ron Arad）设计的书架是以美国地图的造型呈现的，以美国各大洲的板块进行分割，视觉形态新颖，具有很强的空间雕塑感、艺术感（图7-37）。七巧板主题设计的书架可以有不同的组合，可以随心所欲地创造（图7-38）。由威尼斯设计师科斯塔斯·锡塔利奥蒂斯（kostas syrtariotis）设计的树形书架，选用乌木和桦木板作为制作材料，表面涂有一层抛光漆。树形书架可以在10min之内组装完成，趣味化的设计可以活跃空间，营造新颖的感觉（图7-39）。

图7-36　卡通形态的书架

图7-37　罗恩·阿莱德设计的书架

图7-38　七巧板主题书架

图7-39　树形书架

（3）"封闭与开放"穿插式书架样式分析。采用封闭与开放方式相结合的方式设计书架，可以形成非常多的设计样式，具有一种构成的形式美。封闭式的设计可以保证内部物品的整齐和干净，开放式的书架则方便人们展示和使用（图7-40、图7-41）。

图 7-40　封闭与开放结合的书架

图 7-41　创新柜子设计

（4）模块化书架样式分析。模块化设计是通过对一个或者一组单元结构再组合，形成不同的整体形态，使其具有更多的可能性。家具模块化设计的主要构件为标准化、通用化的零部件，这些零部件都能快速组合，其优点之一是让用户可以通过不同模块的搭配得到自己需要的产品，满足个性化的需求；二是方便用户在使用过程中对产品进行局部维护或升级达到延长产品寿命、减少材料消耗的目的。

模块化设计是标准化设计的趋势。宜家的家具很多都是可拆分的组装产品，产品分成不同模块，有些模块在不同家具间也可通用，这样不仅降低了设计成本、提高了设计效率，而且也能降低产品的总成本，包括运输成本。BUILD 是德国团队设计的模块化搁架，既可以摆在地面，又可以安装在墙上，每个构建单元的形状完全相同，再加上有简单的连接元件，因此用它组建的书架可以随时重组或扩展，可以伴随人们的成长（图 7-42～图 7-44）。

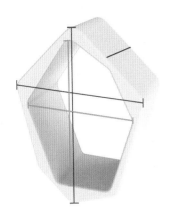

图 7-42　模块化搁架单元

图 7-43　模块化搁架组合样式

图 7-44　蜂巢式模块化组合架

#### 4. 展架样式分析

在居住空间中展架以展示业主个人收藏品、陈设品，显示个人爱好及品位为主要用途，在办公空间、商业空间，以及展览会等空间中，展架类家具能有效发挥出其展示、宣传等作用。展架的设计要秉承创新原则，要正确处理内容与形式的关系。展架的样式更具艺术性，形态更夸张，功能除了收纳外，还应与存放的物品及企业相关精神、理念保持一致，与物品一起形成较好的展示效果。在斯德哥尔摩服装概念店设计中，设计师选择了螺旋状的双重楼梯作为展架的基础形式。为了满足商业空间展示的需求，在基础形式上做了扭曲变形，并将基础形式折叠和旋转，力求角度的改变会在同一个展柜上看到不同的产品。盘旋上升的形式给人不断变化的空间体验（图 7-45 ~ 图 7-47）。设计师为立体货架提供了数以百计的黑色钢板，配合不同的放置方法，货架千变万化，既实用又美观（图 7-48）。

图 7-45　楼梯状展架

图 7-46　双重楼梯展架

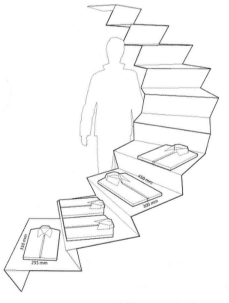

图 7-47　楼梯展架

图 7-48　现代感展架

由于所在的空间功能不同，展架用途也不同，但都以"传播、展示、吸引"的商业或文化活动为目的，因此展架的样式更加具有创意性。

## 三、架类家具的基本功能要求与尺度

架类家具具有收纳、美化空间的功能，对整个空间起到点睛和美化作用（图7-49至图7-52），还具有分隔空间的作用（图7-53）。其尺寸除了要根据陈列、展示物品的不同，还需要按照室内空间布局进行设计。

图 7-49　组合柜

图 7-50　几何形态书架

图 7-51　堆叠式展架

图 7-52　Babele 书架

传统博古架花格优美、组合得体，用以分隔室内空间，陈列、展示物品。博古架不宜太高，一般以3m以下为宜，一般深度为300～350mm。内部分格的尺寸要根据陈列品的特性设计出不同尺寸（图7-54、图7-55）。

书架的主要用途是放书，其高度通常依据视点和作业面之间的距离来定。书架通常倚墙而置，也可

图 7-53　分隔空间

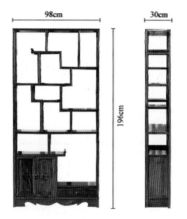

图 7-54　博古架尺寸

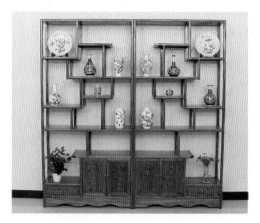

图 7-55　博古架组合效果

用来分隔空间。书架尺寸整体上遵循《柜类家具规范》中的尺寸要求，另外由于其摆放位置不同，外观形态也要各不同，因此书架总尺寸可根据空间布局和外观造型具体设计（图 7-56、图 7-57）。

　　书架的深度在 280 ~ 350mm，隔板高度尺寸可根据书籍的规格来设计。例如以 16 开书籍为标准设计的书柜隔板，层板高度在 280 ~ 300mm；以 32 开书籍为标准设计的书柜隔板，层板高度则在 240 ~ 260mm。一些不常用的比较大规格的书籍的尺寸通常在 300 ~ 400mm，可设置层板高度在 320 ~ 420mm（图 7-58、图 7-59）。

图 7-56　书架墙效果

图 7-57　书架墙

图 7-58 简约书架

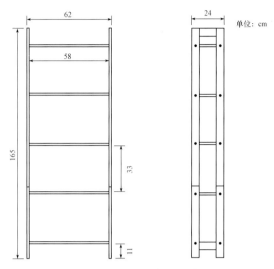

图 7-59 简约书架尺寸

## 四、书架的创意设计

随着社会经济、技术的发展，受一些新的思潮的影响与互联网带来的个性释放，人们对创意家具的需求量大增，更注重多元化设计，追求功能变化，追求趣味化元素，注重个人文化品位的表达，注重环保生活方式。书架的放置也更加灵活，很多人将客厅直接设计成书房式，创意书架设计与读书行为、读书文化成为一种互动关系。

设计越来越充分考虑心理学、人体工程学、设计营销学、环境学等方面的因素，利用科技成果带来的新材料和生产工艺等技术，将现代美学思潮的设计方法应用于创意家具设计前沿。

而无论如何，书架的创意都必须达到实用价值和审美价值的统一，开发新的功能，创造新的视觉美感，并达到两者统一。

创新的途径有多种，利用几何形造型，根据需要随意组合成不同的书架，通过加减法创造完成，打开了设计规则的束缚，发散了思维，拓展了书架功能和样式：创意云朵书架，采用玻璃钢的高塑性设计出云朵般书架，书架与书架可相互组合，带来更多可能性（图 7-60）；运用创新思维，将书架整体方向转动，与人形成互动，采用面元素相互穿插，不采用连接件，形成独特的视觉效果（图 7-61）；钢材的应用有了几分工业风，圆形的单元格柔化了钢材的坚硬与冷酷感（图 7-62）；利用几何形造型，打破水平线与垂直线的视觉效果（图 7-63）；意大利设计师马尼卡·维迦索（Marica Vizzuso）设计的 B-OK 书架系统，除了存放量不如传统书架外，它可改变书的摆放方式，给用户另一种体验，或许

图 7-60 创意云朵书架

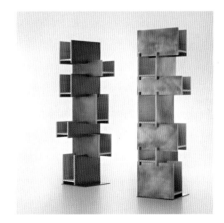

图 7-61 创意书架

这款书架本身与书构成了一件雕塑、一件艺术（图 7-64 ~ 图 7-66）。而儿童书架可运用"游戏""积木""仿生"等不同的创意进行创作（图 7-67、图 7-68）。

图 7-62　金属书架

图 7-63　创意书架

图 7-64　马尼卡·维迦索设计的 B-OK 书架

图 7-65　B-OK 书架效果

图 7-66　B-OK 树形书架

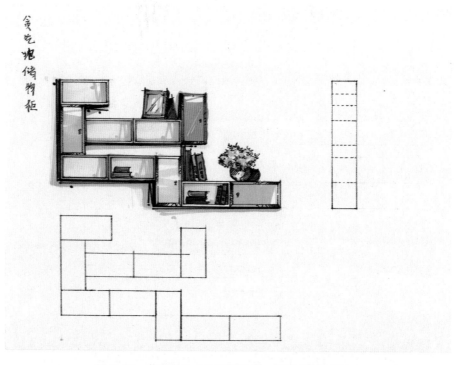

图 7-67　学生作品（曲有杰设计　指导老师宋雯）

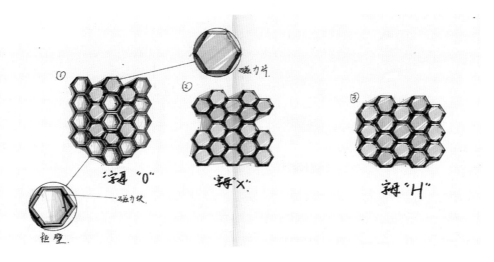

图 7-68　蜂巢组合柜（曲有杰设计　指导老师宋雯）

◎ **实训任务** ◎

1．收集创新书架作品，分析创新之处。

2．考察大连红星美凯龙，写出三种品牌的书架设计独特之处，记录书架尺寸。

3．设计一款书架，设计定位是年轻一族，使用环境是家居室内。

4．设计意图是解决现有书架的使用不便、形式单一等问题，增加阅读乐趣。

5．确定设计主题，如以"蜘蛛网"为主题进行书架设计。

6．A3 图纸绘制草图及三视图，运用 3DMAX 制作效果图，可附加陈设背景及环境。

7．设计说明 100 ～ 200 字。

● **课后拓展**

收纳柜设计思路汇总

朱小杰家具作品分析

# 参考文献

［1］舒伟，左铁峰，孙福良. 家具设计［M］. 北京：海洋出版社，2014.
［2］胡景初，戴向东. 家具设计概论［M］. 2版. 北京：中国林业出版社，2011.
［3］林璐，李雪莲，刘轶婷. 家具设计［M］. 北京：中国纺织出版社，2010.
［4］孙亮. 系列家具产品设计与实训［M］. 上海：东方出版中心，2008.
［5］陈根. 家具设计看这本就够了［M］. 北京：化学工业出版社，2017.
［6］刘娜，周磊. 家具设计［M］. 北京：清华大学出版社，2014.
［7］许柏鸣，方海. 家具设计资料集［M］. 北京：中国建筑工业出版社，2014.
［8］［美］克里斯托弗·纳塔莱. 美国设计大师经典教程：家具设计与构造图解［M］. 北京：中国青年出版社，2017.
［9］彭亮，胡景初. 家具设计与工艺［M］. 北京：高等教育出版社，2003.
［10］许柏鸣. 家具设计［M］. 北京：中国轻工业出版社，2000.
［11］景楠. 中国现代家具设计创新的思想与方法［M］. 南京：东南大学出版社，2016.
［12］宋红. 儿童家具设计方法研究及应用［D］. 西安：西北工业大学，2007.
［13］李雨红. 中外家具发展史［M］. 哈尔滨：东北林业大学出版社，2000.
［14］范蓓. 家具设计［M］. 2版. 北京：中国水利水电出版社，2015.
［15］李凤崧. 家具设计［M］. 北京：中国建筑工业出版社，2013.
［16］［英］克里斯·莱夫特瑞. 欧美工业设计5大材料顶尖创意［M］. 董源，译. 上海：上海人民美术出版社，2004.
［17］张绮曼，郑曙旸. 室内设计资料集［M］. 北京：中国建筑工业出版社，1991.
［18］王鑫，杨西文，杨卫波. 人体工程学［M］. 北京：中国青年出版社，2012.
［19］罗秀雯. 基于模块化理论的茶几设计与研究［D］. 广州：广东工业大学，2017.
［20］程能林. 产品造型材料与工艺［M］. 北京：北京理工大学出版社，1991.
［21］顾哲宇. 现代家具材料中的偶发肌理研究［D］. 南京：南京艺术学院，2012.
［22］王冠博. 造物的意蕴——产品语义的情感表达［D］. 哈尔滨：哈尔滨工程大学，2013.
［23］赵英新. 工业设计工程基础I：材料及加工技术基础［M］. 北京：高等教育出版社，2005.
［24］张振华. 动漫趣味儿童家具形态的用户体验设计研究［D］. 南京：南京林业大学，2011.
［25］朱瑞兴. 儿童家具的安全性设计研究［D］. 无锡：江南大学，2011.
［26］国家标准 GB/T3326—2016 家具桌、椅、凳类主要尺寸［S］. 北京：中国标准出版社，2017.
［27］国家标准 GB/T3327—2016 家具柜类主要尺寸［S］. 北京：中国标准出版社，2017.
［28］www.ikea.com.
［29］谷德设计网.
［30］www.crateandbarrel.com.
［31］设计之家网站.
［32］www.inkivy.com.
［33］arting365.com.
［34］www.cndesign.com.
［35］www.designboom.com.
［36］www.beautifullife.info.
［37］www.cafa.com.cn.
［38］www.shzhanshen.com.
［39］www.vikilife.com.
［40］www.artfoxlive.com.
［41］www.reinierdejong.com.
［42］www.idzoom.com